揭开机器人的面纱

主编　邹慧君　梁庆华

机械工业出版社

机器人至今使人有一种神秘感。本书从揭开机器人神秘面纱着手，认识它们的基本组成和工作原理。帮助青少年举一反三地去创造崭新的机器人。本书第1章～第4章介绍了机器人技术基础，包括机器人的构成、机器人的机构以及机器人的感官与控制；第5章～第7章介绍了形形色色的机器人，包括玩具机器人、古代机器人、智能机器人；第8章～第10章介绍了如何自己动手搭建机器人，包括简易仿生机器人的制作、智能循迹机器人的设计与制作、模块化仿人机器人的组装。

本书图文并茂、深入浅出、富有趣味，是一本认识机器人奥妙的科普读物。

本书可作为中小学生科技创新教育的基本教材，也可作为对机器人感兴趣读者的入门读物，还可作为大专院校的机械类与相关专业师生的参考书。

图书在版编目（CIP）数据

揭开机器人的面纱/邹慧君，梁庆华主编 . —北京：机械工业出版社，2015.11
ISBN 978-7-111-52130-3

Ⅰ.①揭… Ⅱ.①邹… ②梁… Ⅲ.①机器人—普及读物 Ⅳ.①TP242-49

中国版本图书馆CIP数据核字（2015）第270127号

机械工业出版社（北京市百万庄大街22号 邮政编码 100037）
策划编辑：林春泉 责任编辑：林春泉
责任校对：刘志文 封面设计：路思中
责任印制：乔 宇
保定市中画美凯印刷有限公司印刷
2016年4月第1版第1次印刷
169mm×239mm · 13.5印张 · 258千字
0001—4000册
标准书号：ISBN 978-7-111-52130-3
定价：65.00元

机器人是在人类文明发展过程中承载着美好梦想的奇妙产物。由于人们奇思妙想创造的各种各样的机器人，代替人去体力劳动、去脑力劳动、去娱乐、去打仗、去日行千里、去凌空飞翔，等等。关于机器人的创造活动据说已有3000年的历史，它使漫长的历史长河中充满着幻想、诗意和创造，从而推动着科技的进步。在中国古代，神奇天兵天将的斗法、智勇七侠五义的绝技以及七十二变的孙悟空等，都充满人类的智慧，使机器人的形象更加充满了神奇色彩和不可捉摸。机器人是什么？在每个人的头脑中会有各种各样的答案。如何去创造机器人，也会有多种多样的办法。

由于机器人的多样性、神奇感和妙趣横生，会吸引青少年的关注，所以在中小学中都会用创造机器人来培育创新思维，培养创新能力。

《揭开机器人的面纱》是一本帮助青少年朋友去认识机器人、创造机器人的科普书，其重点是想对机器人"揭开面纱"。由于机器人至今还使人有神秘感，需要我们去揭开面纱，认识机器人的基本组成和工作原理，帮助青少年举一反三地创造新颖的机器人。

什么是机器人？机器人是替代人类劳动（包括智力劳动和体力劳动）的自动化装置。机器人的本质是一种机械装置，它要实现复杂多变的机械动作，这些动作必须由相应的执行机构来完成。

机器人所需实现的一系列机械动作是依靠"自动化"来完成的。如何实现自动化？归纳起来有四种：机械自动化、电气自动化、电子自动化和智能自动化。也就是说，机器人的不同层次，靠的是不同的自动类型。

对于常用的机电一体化式机器人，它应具备三种主要的功能：感受某些信息的能力、信息处理及控制的能力以及实现可变动作的能力。它相应的组成部分有：传感检测模块、信息处理及控制模块以及实现可控动作的执行机构。由

此看来，只要掌握好三个组成部分的基本工作原理和选用知识，就有可能来创造出多种用途的机电一体化式机器人。

本书内容包括 10 章。

第 1 章～第 4 章机器人技术基础：包括机器人的构成、机器人的机构以及机器人的感官与控制内容。

第 5 章～第 7 章形形色色的机器人：包括玩具机器人、古代机器人、智能机器人内容。

第 8 章～第 10 章自己动手搭建机器人，包括简易仿生机器人的制作、智能循迹机器人的设计与制作、模块化仿人机器人的组装。

本书由邹慧君、梁庆华担任主编及统稿。各章具体由下列人员编写：上海交通大学邹慧君编写第 1 章、第 2 章、第 5 章；上海交通大学梁庆华编写第 3 章、第 6 章；上海大学李维编写第 4 章；上海市世界外国语中学聂亮编写第 7 章；上海市科技艺术教育中心葛智伟编写第 8 章；上海市金山区青少年活动中心陆广琴编写第 9 章，上海交通大学高雪官编写第 10 章。

由于编者水平有限，书中疏漏和欠妥之处在所难免，恳请读者不吝指正。

编　者

2016 年 2 月

目 录

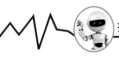

第1章

走近机器人世界

1.1 机器人是什么

机器人是在物质文明发展过程中承载着人类美好梦想的奇妙产物，用机器人来代替人类的智力劳动和体力劳动，使人类生活变得更美好。因此，它是充满诗意的，也是追寻梦想的结果。虽然 Robot（机器人）一词最早出现在原捷克作家卡雷尔·恰佩克 1920 年的科幻小说《罗萨姆的机器万能公司》中，但人类创造机器人的活动已有 3000 年的历史，至于叫不叫"机器人"并不重要。因此，我们可以说创造和发明机器人的历史十分悠久，机器人存在的形式是多种多样的，它能实现的功能又是千姿百态的，使机器人的发生和发展充满了神奇的色彩。

要回答什么是机器人，并不是十分简单。由于人们对机器人的理解并不是十分一致，同时机器人技术又在不断的发展，因此，对机器人的定义也是五花八门。我们认为只要抓住机器人最本质的特征，定义"机器人"就并不困难了。为了便于研究机器人，我们对机器人定义如下：

机器人是完成人为设定的运动和动力变换过程以替代人类劳动的自动化机械装置。

上述关于机器人的定义中主要说明了机器人三个主要特征：

1）机器人要实现运动和动力变换过程；

2）机器人要替代人类的智力劳动和体力劳动；

3）机器人在本质上是一种自动化机械装置。

图 1-1 概括地表示了机器人三个主要的特征。

图 1-1 机器人三个主要特征

从上述三个特征来看，机器人还是机器，只是它能替代人类更加复杂多变的劳动，只是人从美好的愿望出发把它美化成了"人"。大家应该明白机器人外形上像不像人并不重要，重要的是能否巧妙地替代人类的劳动。

机器人作为一台自动化机械装置，随着科学技术的发展，其技术含量和结构组成也在不断地发展。特别是在自动化方面，它经历了机械自动化、电气自动化、电子自动化乃至智能自动化等各个阶段。图 1-2 表示机器人机构自动化的几个阶段。

图 1-2　自动化经历的几个阶段

我们把西周时期能工巧匠偃师研制出的十分原始的能歌善舞的木偶人（见图 1-3）与 2012 年 8 月 6 日美国降落在火星上的好奇号火星车（见图 1-4）都看成不同时代的机器人，它们在机器人基本特征上并无二致，它们的区别只是在技术含量和结构组成上。如果我们认同这种想法，我们在对机器人最基本的定义上可以取得一致。

还有一种观点值得我们去讨论。有人认为，在发明热力机械和电动机之前由于没有驱动机，也就不可能有机器人。这种观点值得商榷。人类在发明热力机械和电动机之前早已有了机械，只是人们聪明地利用了风力、水力、兽力、人力、重力、弹力来对机械装置的驱动。有了这种认识，可能还会开拓我们制造新型机器人的思路。

图 1-5 表示各类机器人的一般组成框架。

图 1-3　能歌善舞的木偶人

图 1-4 好奇号火星车

图 1-5 各类机器人的一般组成框架

　　创造和创新各种各样的机器人充分说明了人类文明的不断发展，也证明了机械装置的日益进步，为机械的现代化开辟无限广阔的前景。

　　为了创造出各种新颖的机器人，人们除了要掌握机器人相关的理论知识和技术基础外，更为重要的是要具有创造性思维能力和开拓设计理念的创新。我们将机器人美化成"人"，要将人的灵性灌注到机器人的创新中去，为创造出各种各样的机器人开创出机器人世界美好的前景。

1.2 机器人发展的故事

"机器人"一词的出现只是近几十年来的事，然而，人们追求创造出各种各样机器人的梦想已有 3000 多年的历史，可以说是历史悠久、故事生动。

1.2.1 早期机器人发展中的趣事

在众多记有中国古代机器人的古籍中，《列子》是最早的，其中的"汤问篇"中描述一个能歌善舞的古代机器人的生动故事。在西周时国王周穆王向西巡视，到现甘肃之弇山后，在返回途中，遇到能工巧匠偃师前来献艺说："造了个东西，让大王视之。"穆王命他拿过来。第二天穆王召见时，他带了个人同去，穆王问同来的是何人？偃师说："臣之所造能倡者。"（倡者即歌舞伎）周穆王惊讶地看到"倡者"疾走慢步、抬头弯腰，如真人一般。碰碰它的下巴"则歌合律"，抬抬它的手"则舞应节，千变万化，惟意所适"。穆王以为是真人，即叫嫔妃们来看。"倡者"在表演将结束时，竟对穆王的嫔妃眨着眼睛挑逗、引诱。穆王大怒，立刻要杀偃师。偃师害怕极了，马上将"倡者"拆开后请穆王看，原来都是些"革、木、胶、漆、白、黑、丹、青之所为"，"内则肝胆、心肺、脾肾、肠胃，外则筋骨、肢节、皮毛、齿发，皆假物也，而无不毕具者"。

春秋时期后期（公元前 770~前 467），我国木匠始祖鲁班利用竹、木材料制造出一个木鸟，它能在空中飞行，"三日不下"，此事在古书《墨经》中有所记载，这成为世界上最早的空中机器人。

三国时期的蜀汉（公元 221~263），据《三国志》记载，蜀丞相诸葛亮成功地制造出适合山间小道运行的"木牛流马"，其中木牛是具备轮、足的军用运输车，利用轮和足行进在山间小道，成为人力驱动的古代物流机器人。

中国古籍中所见的古代机器人记载，虽然难以取得有力的凭证，但看来也不是毫无依据。古代创造发明者富于想象、勇于探索、智慧的精神将永远值得后人学习和继承，为实现科学幻想而奋斗永远是推动社会进步的不竭动力。

同样，在国外也有许多研制古代机器人的动人故事。

公元前 3 世纪，古希腊发明家戴达罗斯用青铜为克里特岛国王麦诺斯塑造了一个守卫岛国的卫士机器人塔罗斯。

公元前 2 世纪，亚历山大时期，古希腊人发明了最原始的机器人，它是以水、空气和蒸汽压力为动力的会动的雕像，会自己开门，还可借助蒸汽唱歌。

1662 年，日本的竹田近江利用钟表技术发明了能进行表演的自动机器玩偶，并在大阪的道顿崛演出。

1738 年，法国技师杰克·戴·瓦克逊发明了一只机器鸭，它会嘎嘎叫，会游泳和喝水，还会进食和排泄。

1.2.2 近代机器人的发展

1920 年，原捷克斯洛伐克剧作家卡雷尔·恰佩克在他的科幻情节剧《罗萨姆的万能机器人》中，第一次提出了"机器人"（Robot）这个名词，于是世界各国有了统一的名词——

Robot，用它来表示各种各样的机器人。在捷克语中 Robot 是指"赋役的努力"。

20 世纪初，人类社会对于即将问世的机器人应该是什么样？存在不少疑虑。美国著名科学幻想小说家阿西莫夫于 1950 年在他的小说《我是机器人》中，首先使用了机器人学（Robotics）这个词来描述与机器人有关的科学，并提出了有名的"机器人三守则"：

1）机器人必须不危害人类，也不允许它眼看人类受害而袖手旁观；

2）机器人必须绝对服从人类，除非这种服从有害于人类；

3）机器人必须保护自身不受伤害，除非为了保护人类或者是人类命令它做出牺牲。

这三条机器人守则可用图 1-6 表示。

1 机器人必须不危害人类，
也不允许它眼看人类受害而袖手旁观

2 机器人必须绝对服从人类，
除非这种服从有害于人类

3 机器人必须保护自身不受伤害，
除非为了保护人类或者是人类命令它做出牺牲

图 1-6　机器人三守则

这三条守则的关键核心是机器人必须绝对服从人类和不危害人类，它也是设计机器人的原则。

1960 年美国 AMF 公司生产了柱坐标型 Versatran 机器人，可做点位和轨迹控制，是世界上第一种用于工业生产的机器人。

1961 年美国麻省理工学院研制有触觉的 MH-1 型机器人，在计算机控制下用来处理放射性材料。

1968 年美国斯坦福大学研制出名为 SHAKEY 的智能移动机器人。

从 20 世纪 60 年代后期起，喷漆、弧焊机器人相继在工业生产中应用。

在 20 世纪 70、80 年代，机器人生产和应用发展很快。1990 年，全世界机器人使用总台数已达到 30 万台。同时，机器人技术有很大发展，逐步向智能化迈进。机器人的应用范围遍及工业、科技和国防的各个领域。2010 年全世界服役的工业机器总数已超过 100 万台。同时，还有数百万台服务机器人在运行。

1998 年，丹麦乐高公司推出机器人（Mind-storm）套件，使机器人制造变得跟搭积木一样，相对简单又能任意拼装，使机器人开始走入个人世界。

2002 年，美国 iRobot 公司推出了吸尘机器人（Roomba），它能避开障碍，自行设计行进路线，还能在电量不足时自动移向充电座。Roomba 成为目前世界上销量最大、最具商业化的家用机器人。

2006 年 6 月，微软公司推出 Microsoft Robotics Studio 机器人，模块化、平台统一化的趋势越来越明显。比尔·盖茨预言，家用机器人很快将风靡全球。

在 2010 年上海世博会上展示出两台引人瞩目的机器人，一台是日本的能演奏小提琴的机器人，如图 1-7 所示；另一台是中国深圳的炒菜机器人，如图 1-8 所示。

图 1-7　小提琴机器人

图 1-8　炒菜机器人

1.3 机器人的分类

机器人的分类可以有多种多样的方法，主要有：

1.3.1 按用途分类

（1）工业机器人

用于工业生产的机器人，常见的有焊接机器人、喷漆机器人、装配机器人、上料机器人等等，如图 1-9 所示。

（2）农业机器人

用于农业生产的机器人，常见的有播种机器人、收割机器人、采摘机器人和灌溉机器人等等，如图 1-10 所示。

（3）特种机器人

用于特种场合的机器人，如爬壁机器人、放射环境下操作机器人、高压电开关清扫机器人、悬索爬缆检测机器人等等，如图 1-11 所示。

（4）军事机器人

用于军事目的的机器人，如防爆机器人、排雷机器人、作战机器人和侦查无人机等等，如图 1-12 所示。

（5）服务机器人

用于各种类型服务业的机器人，如炒菜机器人、端盘机器人、除尘机器人、爬楼机器人、礼宾机器人等等，如图 1-13 所示。

（6）医疗机器人

用于医疗服务的机器人，如护理机器人、手术机器人、按摩机器人、端水送药机器人等等，如图 1-14 所示。

（7）娱乐机器人

用于娱乐的机器人，如能歌善舞的机器人，拉小提琴的机器人等等，如图 1-15 所示。

图 1-9　焊接机器人

图 1-10　采摘机器人

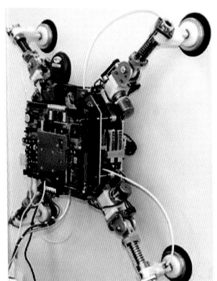

图 1-11　爬壁机器人

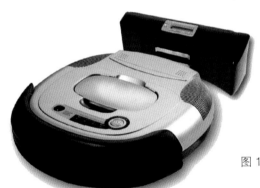

图 1-12　防爆机器人

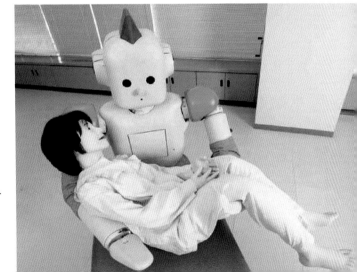

图 1-13　除尘机器人

图 1-14　医疗机器人

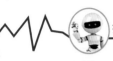

图 1-15　能歌善舞机器人

1.3.2　按使用场合分类

由于不同的使用场合，对机器人有不同的要求，可以分为：

1）水下机器人；

2）地下机器人；

3）陆地机器人；

4）空中机器人；

5）太空机器人；

6）两栖机器人；

7）多栖机器人。

1.3.3　按控制方式分类

按控制方式的不同，可将机器人分为：

1）遥控型机器人；

2）程控型机器人；

3）示教再现型机器人；

4）智能控制型机器人。

除了上述的电子技术和计算机技术作为控制方式外，早期的机器人还会采用电气技术和机械技术来进行控制。

1.4　机器人的组成概述

从机器人的设计角度看，机器人可以分成两类：

（1）电动 - 机械式机器人

它是由电动机驱动的机械式机器人，它的一系列动作是由若干个执行机构来完成的，如电动玩具就属于这类机器人。

（2）机电一体化式机器人

它是由可控执行机构、检测传感模块及信息处理和控制模块等三部分组成，它的动作是有一定的可变性，因此组成也就比较复杂。如各种遥控型机器人、程控型机器人。

1.4.1　电动 - 机械式机器人

电动 - 机械式机器人主要由电动机、减速模块、执行机构模块等组成，当然还应有机架和外壳等匹配，如图 1-16 所示。

1. 电动机

电动机是机器人的驱动元件，一般都采用低压直流电动机。

2. 减速模块

一般采用齿轮减速器（模块），这些齿轮主要有圆柱齿轮、螺旋齿轮、圆锥齿轮等等，如果要求减速比较大时可采用多级齿轮减速。齿轮减速器如图 1-17 所示。

图 1-16　电动 - 机械式机器人组成

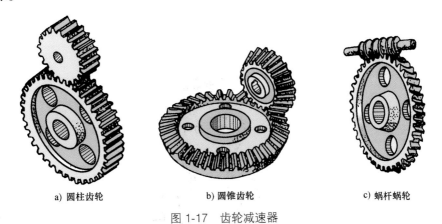

a) 圆柱齿轮　　　　　　　b) 圆锥齿轮　　　　　　　c) 蜗杆蜗轮

图 1-17　齿轮减速器

3. 执行机构

为了最终实现比较复杂的动作，就需要采用各种各样的执行机构，如连杆机构、凸轮机构、组合机构、间歇运动机构等等，如图 1-18 所示。

各种功用的电动 - 机械式机器人，只是将三者巧妙的组合，就可得到步行机器人、敲锣打鼓机器人等等。

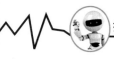

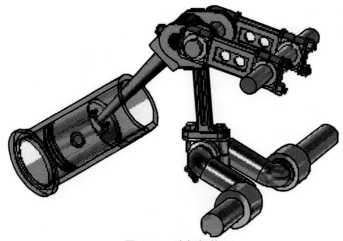

图 1-18　连杆机构

1.4.2　机电一体化式机器人

机电一体化式机器人，它的动作可以有一定的灵活多变。因此，需要具备下列能力，如：

1）感受某些信息的能力；

2）信息处理及控制的能力；

3）实现可变动作的能力。

为了实现上述三种能力，机器人应该具备三个组成部分：

1）传感检测模块；

2）信息处理及控制模块；

3）实现可控动作的执行机构。

这三个组成部分的相互关联如图 1-19 所示。

图 1-19　机器人三大部分的相互关联

1. 传感检测模块

机器人的传感检测模块应包括用来检测机械参数和工作过程有关参数的传感器、运算放大电路等。它用以采集实现可控动作的执行机构所必需的参数信息,将这些信息输入信息处理及控制模块,经过信息处理以便得到相应的控制信号。用这些控制信号来实现执行机构的可控动作。

2. 信息处理及控制模块

信息处理及控制模块应包括控制算法及其软件、微机、接口电路、D-A、A-D 变换器等等。它由控制传感器提供信息,根据机器人动作过程要求,实现选定的控制策略,最后实现执行机构的可控动作过程,如图 1-20 所示。

图 1-20 信息处理与控制模块(虚线框架)

3. 可控动作执行机构

可控动作执行机构主要包括驱动元件和执行机构组成的联合体。驱动元件是那些能产生驱动力(或驱动力矩)的元件,包括各种电动机,液、气动缸,弹簧等等。而执行机构是那些能实现运动变换的刚性机构、弹性机构、柔顺机构等等。驱动元件与执行机构两者组合就可实现可控动作,完成机器人设定的系列动作。图 1-21 表示可控执行机构。

上述由三大组成部分组成的机器人属于由电子和计算机技术来控制的机器人。

图 1-21 可控执行机构

第2章

透视机器人——
机器人是如何构成的

2.1 电动 - 机械式机器人的认知

电动 - 机械式机器人是利用电动机驱动比较复杂的机构系统，使其完成一系列的动作。对于一台电动 - 机械式机器人的认识可以由以下几个步骤进行：

1）观察它能否实现的功能，例如会跳舞、行走、敲锣打鼓等，将这些功能细化到它有哪几个动作。

2）观察它由几个机构构成，例如将电动机主轴的转速进入减速的减速机构，观察各个动作的执行机构等。减速机构往往采用摩擦轮减速、皮带减速以及齿轮减速。执行机构往往采用连杆机构、凸轮机构等。

3）观察机器人壳体结构的形状，它是电动机、减速机构和动作执行机构等的支撑骨架。简单来说是机器人的机架。

4）观察机器人的外形设计，这是对机器人的外廓和服饰的要求。好的外形设计应该满足适用、美观、有趣和像人等特点。

完成了这些认真观察和系统分析，我们就透视了机器人的整体，认识了某一具体的机器人。

2.2 敲锣打鼓的圣诞老人

敲锣打鼓的圣诞老人是一种电动 - 机械式机器人。

2.2.1 敲锣打鼓圣诞老人的功能

图 2-1 为敲锣打鼓的圣诞老人。

它的功能是摆动身体，双手上下舞动，敲锣打鼓。它的双手上下舞动要有一定的角度，锣和鼓固定在适当的位置。

2.2.2 敲锣打鼓圣诞老人的内部机械结构

图 2-2 表示为敲锣打鼓机器人的整个传动系统机械结构图。

图 2-2 中由电动机转速绕过皮带传动，齿轮 A-B，齿轮 B′-C 三级减速传动系统进行减速。图中左右两侧的正、反向曲柄 - 连杆 - 手臂连接处摆杆组成了两侧曲柄摆杆机构。在摆杆上接上手臂后，就可以敲锣打鼓。当然左右手臂轮番敲打，节奏有序。

图 2-1 敲锣打鼓机器人外形图

2.2.3 敲锣打鼓机器人整体结构方案

为了便于分析，将图 2-2 机械结构图绘成图 2-3 的整体结构方案图。从整体结构方案来看，它的总的减速比为

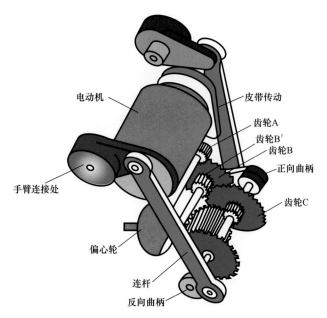

图 2-2 敲锣打鼓机器人传动系统机械结构图

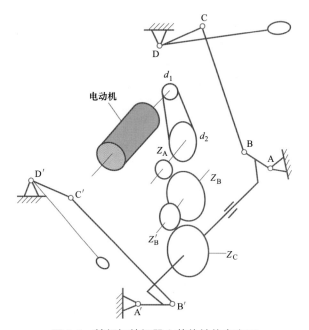

图 2-3 敲锣打鼓机器人整体结构方案图

$$i_\text{总} = \frac{d_2}{d_1} \times \frac{Z_\text{B}}{Z_\text{A}} \times \frac{Z_\text{C}}{Z_\text{B'}}$$

如果 $i_\text{总}=50$，电动机转速 $n_\text{电}=1500\text{r/min}$（转／分），则正反曲柄的转速 $n_\text{曲柄} = \dfrac{n_\text{电}}{i_\text{总}} =$ 30r/min（转／分）。

通过上述分析，对于整体结构方案，可按需要进行改进设计。另外，对于曲柄摆杆机构的设计，也需要详细进行。此曲柄摆杆机构属于铰链四杆机构，它的曲柄必须是能 360° 转动，而摆杆的摆动角度大小应按敲锣打鼓需要来确定，否则会产生敲得了锣不一定打得了鼓。摆动角度也有一定的范围。

2.2.4　敲锣打鼓机器人机壳的合理设计

由于整个机壳必须藏于圣诞老人的衣服之内，因此整体结构方案的具体机械结构必须尺寸较小，布置紧凑。这对于电动玩具类机器人的设计者必须认真考虑的。图 2-4 所示这种机器人的整机壳（机箱）。

图 2-4　敲锣打鼓机器人机壳（机箱）

2.3　机电一体化式机器人的认知

机电一体化式机器人是由可控执行机构，检测传感模块及信息处理和控制模块等部分组成。与电动 - 机械式机器人不同的是它完成机器人功能的执行机构是可控执行机构。可控执行机构一般由于可控电动机与执行机构合成一体，通过控制软件实现可控执行机构的多种动作。

对于机电一体化式机器人的认识可以由以下几个步骤来进行：

1）观察它能否实现的功能。例如会跳舞，它能实现的几种舞姿。再如会敲锣打鼓，它能实现多少挥动双臂的运动规律等。作为电动 - 机械式机器人，它实现的功能往往是比较单一的，而机电一体化机器人却可以实现较多种功能。

2）观察它的组成。首先，机电一体化式机器人是什么类型的可控执行机构，它的驱动电动机采用什么电动机和什么形式的执行机构等。再看它是否有检测传感模块，对于多种相对单一的机器人，往往不需要有检测传感模块。最后再看看是否配有控制软件和电脑，以此来实现可控执行机构的运行。

3）观察驱动电动机与可控执行间的连接是否通过减速齿轮传动。对于可控执行机构的运动速度较低时，一般均通过减速齿轮传动，将驱动电动机的转速降至所需的转速。

4）观察机器人的机壳（亦可称机架），确定驱动电动机、可控执行机构和减速齿轮传动，如何在机壳中进行布局。

5）观察机器人的外形设计是否适合机器人实现功能所需的外表特征要求，包括机器人机壳外廓形状和装饰物。

2.3.1　动作多变的敲锣打鼓机器人的功能

图 2-5 所示为机电一体化式敲锣打鼓机器人整体结构方案图。它由伺服电动机、减速传动 Z_1、Z_2，左右双臂摆动执行机构（$A_1B_1C_1D_1$ 及 $A_2B_2C_2D_2$，其中左右臂分别于摆杆 C_1D_1、C_2D_2 相连）。手臂的动作是由电脑及控制软件进行运动控制。它可使曲柄 A_1B 和 A_2B_2 做等速转动、变速转动及间歇转动，从而使手臂产生运动变化的摆动，实现不同运动规律的敲锣打鼓。

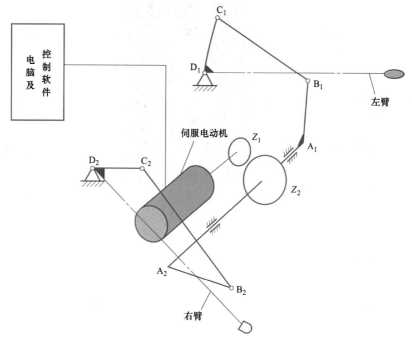

图 2-5　机电 - 体化式机器人的整体结构方案图

2.3.2　机电一体化式敲锣打鼓机器人的整体结构布置

图 2-6 所示为机电一体化式敲锣打鼓机器人整体结构布置图，主要包括三大部分：

1）电脑及控制软件部分：利用设定控制过程的软件和微型计算机实现左右臂变化多端的运动；

2）伺服电动机及减速传动部分：伺服电动机及减速传动实现左右臂曲柄的变速运动；

3）左右臂的曲摇杆机构：将曲柄的转动转变为摆杆的来回摆动，使连在摆杆上的左右臂作上下摆动，实现敲锣打鼓。

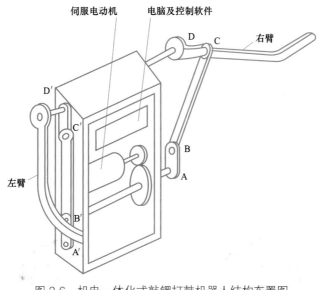

图 2-6　机电一体化式敲锣打鼓机器人结构布置图

2.4　机械式机器人和机电一体化式机器人的对比

2.4.1　驱动方式的对比

机械式机器人和机电一体化式机器人的驱动方式主要表现在采用不同的驱动电动机上。

（1）机械式机器人采用固定转速电动机来驱动

机械式机器人的控制方式主要采用凸轮式或曲柄来实现，它的运动控制相对较简单。它的驱动电机主要是实现定速的旋转。这些电动机属于不可控电动机（见图 2-7），

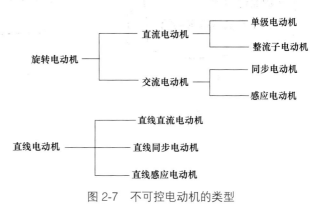

图 2-7　不可控电动机的类型

其主要类别有：

不可控电动机驱动使机械式机器人动作比较固定，缺乏变化。

（2）机电一体化式机器人采用可控电动机来驱动

机电一体化式机器人的动作可以复杂多变，它的控制方式也比较复杂，需要通过控制软件和微型计算机来控制可控电动机进行驱动，使机器人的动作可以比较复杂多变。这种可控电动机主要类别有：

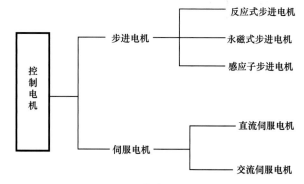

图 2-8　可控电动机的类型

采用控制电动机驱动可使机电一体化式机器人的动作可变化多端，如图 2-8 所示。

2.4.2　结构组成上的对比

机械式机器人和机电一体化式机器人在结构组成上具有较大的差别：

（1）机械式机器人采用了纯机械的结构组成

机械式机器人的结构组成框架如图 2-9 所示。

这种结构组成框架相对比较简单。

（2）机电一体化式机器人采用了机械—电子的结构组成

机电一体化式机器人的结构组成框架如图 2-10 所示。

图 2-9　机械式机器人的结构组成框架

图 2-10　机电一体化式机器人的结构组成框架

第 3 章

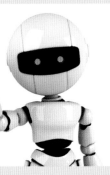   

产生各种动作的载体——机器人机构

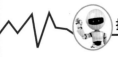

机器人是具有一定智能的机电装置。因而它与其他机电装置一样，是通过机构的运动实现抓取、搬运、行走等生物特征功能的。图 3-1 所示的是一种典型的机器人机械手的结构，该机械手是由若干连杆（指节）通过铰链（关节）相连接，通过气缸的驱动，完成抓取所需要的运动的。在学术界，以机器人的机构为研究对象，从几何学和机构学的角度，对机器人的构型特征、运动规律甚至力学性能等课题研究已经形成专门的学科——机器人机构学。尽管本书是非学术性专业书籍，但了解一些有关机器人机构学方面的知识，对于了解机器人的结构类型、机构组成、运动原理，乃至创新设计都是非常有帮助的。

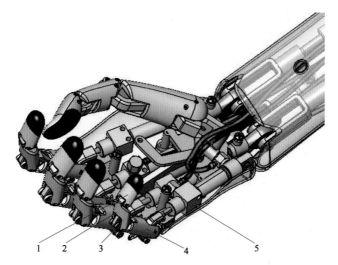

图 3-1　一种典型的机械手结构

1—连杆 1　2—连杆 2　3—铰链　4—连杆 3　5—气缸

3.1 一些术语

3.1.1　自由度

自由度是机构学中最基本也是最重要的一个概念。自由度是指用以描述空间的一个物体相对于另一个物体的运动状态的独立的参数的个数。图 3-2 中，如果以构件 1 作为参照物（构件 1 被固定），图 3-2a 中，当构件 2 相对于构件 1 处于自由状态时，也即构件 1、2 之间没有任何运动约束时，构件 1 具有 6 个自由度，包括沿 X、Y、Z 方向的移动和分别绕 X、Y、Z 轴的转动，如图 3-2b 所示。如果通过铰链轴 3 将构件 2 与构件 1 通过铰链进行连接，那么构件 2 相对于构件 1 只能绕铰链轴旋转，即只需要一个参数（构件 2 相对于构件 1 的夹角）就可以完全表达构件 2 相对于构件 1 的位置关系，此时系统的自由度为 1。

图 3-3 是一个包括 3 个构件的构件系统，也是最简单的机械手结构形式。构件 1 是固定构件，也即机器人的底座；构件 2 与构件 1、构件 2 与构件 3 分别通过铰链相连接。通过图 3-3a、3-3b 可知，通过角度 θ_1、θ_2 即可表达各构件的位置关系，即系统的自由度为 2。

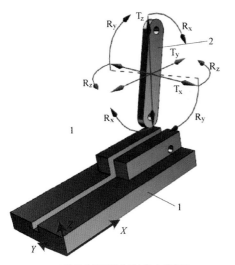

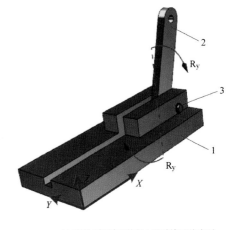

a) 构件 2 相对于构件 1 自由状态时　　　　　　　　b) 构件 2 相对于构件 1 通过铰链约束时

图 3-2　一种典型的机械手结构

1—构件 1　2—构件 2　3—铰链轴

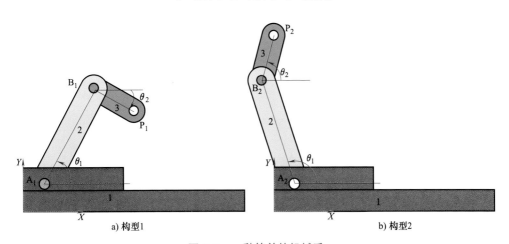

a) 构型 1　　　　　　　　　　　　　　　　b) 构型 2

图 3-3　一种简单的机械手

　　机器人的自由度是指机器人所具有的独立坐标轴运动的数目，但是一般不包括手部（末端操作器）的开合自由度。自由度表示了机器人动作灵活的尺度。机器人的自由度越多，越接近人手的动作机能，其通用性越好；但结构也越复杂。

3.1.2　运动副与关节

　　如前文所述，对于空间的一个自由物体相对于另一个物体具有 6 个自由度。如果通过一定的方式将两个构件连接起来形成具有相对运动的可动连接，称两个构件之间的这种可动连接为运动副。运动副引入约束进而限制 6 个自由度中的某些自由度。在机器人机构学中，运动副也称为机器人的关节。

铰链是最常见的运动副。铰链副又称转动副，顾名思义是仅仅允许转动的运动副。如图 3-4 所示的门与门框的铰链、笔记本的开合、衣柜的门、汽车车门等，这些都是铰链的具体的应用。铰链的具体结构形式根据实际结构需要有所不同，图 3-5 是几种典型的结构形式。图 3-5c、图 3-5d 中的零件 3 仅仅是实现零件 1 与 2 的铰链连接，不影响构件 1、2 之间的相对运动关系。

图 3-4　形形色色的铰链

根据两个构件是否能够实现整圈转动又可将转动副分为周转副和摆动副。周转副可以实现 360° 转动，摆动副则不能实现 360° 的转动。一般而言电动机要驱动能够整圈转动的转动副，这样分类的主要目的是为了区分哪些转动副可以直接由电动机驱动。

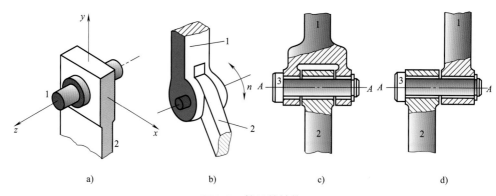

图 3-5　铰链的结构

图 3-6 所示是嘉年华旋转飞车，是转动副的典型应用。图中具有 4 个构件，即：支架 1、连架杆 2 和 4 以及连杆 3（飞车）。具有 4 个转动副，分别为 A、B、C 和 D。这实际是一个平行四边形机构，整个机构具有 1 个自由度，同时 A、B、C、D 均为周转副，电动机驱动任何一个周转副，整个机构都会具有确定的运动，带着游玩者经历美妙而神奇的快乐之旅。

转动副仅仅是运动副的一种。针对两个空间物体的相对 6 个自由度，任意引入一些约束就可以产生不同的运动副类型。转动副相当于是限制了 3 个方向的移动和两个方向的转动，而仅仅允许绕某一轴线的相对转动，因而如果从空间运动副角度而言，转动副也是具有 1 个自由度而引入了 5 个约束。在机构学中，根据引入约束的多少可以将运动副分为 I - V 五级。I 级副引入 1 个约束，II 级副进入 2 个约束，以此类推。表 3-1 是常见的空间运动副。

图 3-6 快乐嘉年华旋转飞车

表 3-1 常见的空间运动副

序号	运动副空间表达	自由度描述	专业术语
1		球与平面接触。运动副引入 1 个 y 方向移动约束，而不限制其他 5 个自由度	I 级副
2		球与两个相交平面接触。运动副引入 2 个方向的移动约束，而不限制其他 4 个自由度	II 级副
3		平面副：平面与平面接触。运动副引入 3 个约束，限制 y 方向移动、绕 x 和 z 轴的旋转。两构件具有 3 个相对自由度：绕 y 旋转、沿 x 和 z 向移动	III 级副

（续）

序号	运动副空间表达	自由度描述	专业术语
4		球铰：球面与球面共面约束。引入3个约束，限制所有方向的移动，两构件具有绕 x、y 和 z 轴方向的转动等3个自由度	Ⅲ级副
5		圆柱副：引入4个约束，限制 y、z 方向的移动和转动，两构件具有沿 z 方向的移动和绕 z 轴的转动等两个自由度	Ⅳ级副
6		转动副：也称铰链副。引入5个约束，限制除一个方向的转动以外的所有自由度。仅仅允许两个构件绕某一轴线相对转动的自由度。转动副是常见的平面运动副	Ⅴ级副
7		移动副：引入5个约束，限制除一个方向的移动以外的所有自由度。仅仅允许两个构件沿某一导路相对移动的自由度。移动副是常见的平面运动副	Ⅴ级副
8		螺旋副：仅仅允许两构件间具有相对的螺旋运动。构件1相对构件2虽然可以转动和移动，但两个运动不是独立的运动，而是具有一定的运动关系。因而两个构件之间只有1个自由度	Ⅴ级副

3.1.3　连杆

连杆也称构件，是机构学中另一个基本概念。连杆是指最小的独立运动单元。如图 3-2、图 3-3 中的 1、2、3 均为不同的连杆。连杆区别于零件。零件是最小的制造单元。而连杆可以由单个零件组成，也可以由若干零件组成，只要这些零件之间没有相对的运动，这些零件组成的系统也称为一个连杆或构件。

图 3-7 以及图 3-8 是两个典型的连杆。图 3-7 所示是用 LEGO 搭建的玩具机器人的腿部的装配图以及爆炸图。由爆炸图可知，该连杆由 15 个零件组成，但这些零件之间没有相对的运动，因而图 3-7a 所示是一个连杆。图 3-8 是一种工业机器人的腰部结构的示意图，同样由若干零件组成，包括加工件以及如螺栓等标准件，但由于这些零件之间没有相对的运动，同样也仅仅是一个构件。

3.1.4　工作空间

图 3-9 所示是人体上臂的工作空间图，此工作空间图是人机工程设计的一个重要依据。同样对于机器人机构学，工作空间也是一个重要的研究问题。机器人的工作范围是指机器人手臂或手部安装点所能达到的空间区域。因为手部末端操作器的尺寸和形状是多种多样的，为了真实反映机器人的特征参数，这里指不安装末端操作器时的工作区域。图 3-10 是一种典型结构的工业机器人的工作空间图。机器人工作范围的形状和大小十分重要，机器人在执行作业时可能会因为存在手部不能达到的作业死区而无法完成预定任务。机器人所具有的自由度数目及其决定其运动图形；而自由度的变化量（即直线运动的距离和回转角度的大小）则决定着运动图形的大小。

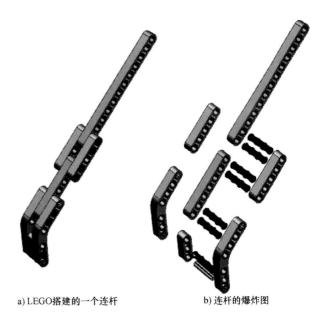

a) LEGO搭建的一个连杆　　b) 连杆的爆炸图

图 3-7　LEGO 搭建的连杆及其爆炸图

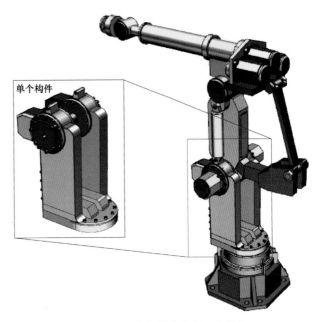

单个构件

图 3-8　工业机器人中的一个构件

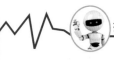
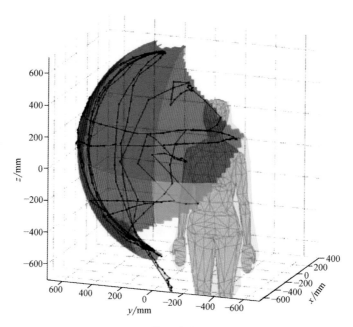

图 3-9　人体上臂的工作空间图

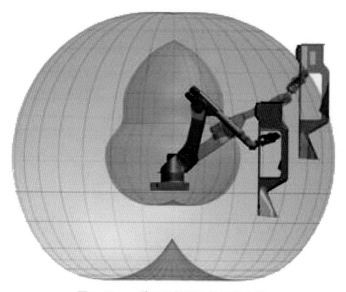

图 3-10　一种工业机器人的工作空间

简单起见，以图 3-3 所示的简单机械手的工作空间为例，阐述工作空间的图解分析方法。

如图 3-11 所示，当机械手连杆 2 处于 θ_1 时，机械手末端 P_1 点可达空间为以 B_1 为圆心，B_1P_1 为半径的圆 C2。当连杆 2 以微小的增量从 θ_1 位置沿圆 C1 运动，P_1 点的轨迹圆可以绘制出圆 C3 以及 C4 之间的圆环区域。因此，若不考虑结构上的干涉，理论上 P_1 点可以到达圆 C3 以及 C4 之间的圆环区域中的任意一点。而此空间之外，则属于不可达空间。

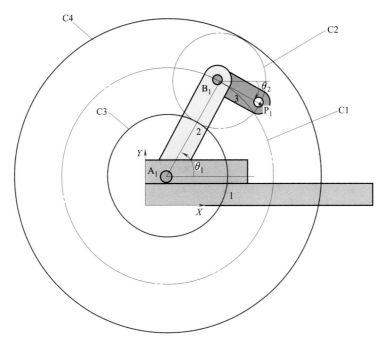

图 3-11　一种简单的机械手的工作空间

3.2 用简图表达想法

实际的机构由外形和结构都比较复杂的构件组成，有些外形和结构与机构的运动没有联系。为了便于分析和研究机构的运动特性，有必要撇开那些与运动无关的外形和结构，仅用简单的线条和符号来表示构件和运动副，并按比例给出运动副的相对位置。这种简化的表达机构各构件间相对运动关系的图形称为机构运动简图。机构运动简图保留了原机构所有与运动相关的信息，便于对机构进行运动及简单的力分析。机构运动简图一般包括以下一些信息：

1）构件的数目；

2）运动副的数目和类型；

3）与运动相关的尺寸；

4）构件间的相互连接关系；

5）输入构件及输入运动特性。

下面介绍绘制简图所必需的一些基本知识，包括运动副的简化画法、构件的简化表达方法以及常用传动的简化表达。在这里大家先作一定的了解，在后续的相应章节中将详细阐述。

3.2.1　运动副的简化表达

图 3-12 是常见运动副的表示方法。一般用小圆圈表示转动副，其圆心表示转动中心。具有剖面线"▨"的构件表示是固定的构件，称为支架。具有"▧"构件表示其横截面形状为矩形。

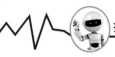

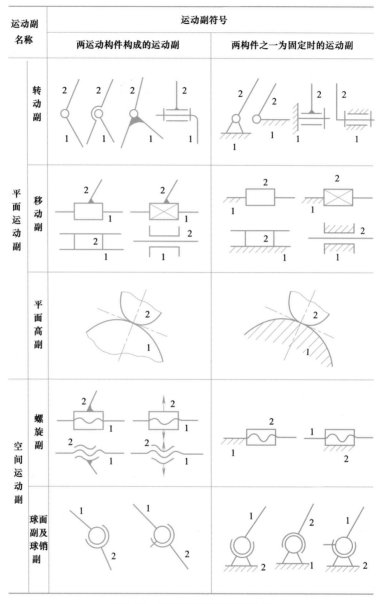

图 3-12　常见运动副的表示方法

　　两构件组成平面高副时，其运动简图中应画出两构件接触处的曲线轮廓。对于凸轮、滚子，习惯画出其全部轮廓；对于齿轮，一般在接触点出画出示意图形，并用点画线画出齿轮的节圆，或直接用节圆表示，如图 3-13 中相应部分所示。

3.2.2　常见传动的简化表示

　　常见传动的简化表示如图 3-13 所示。

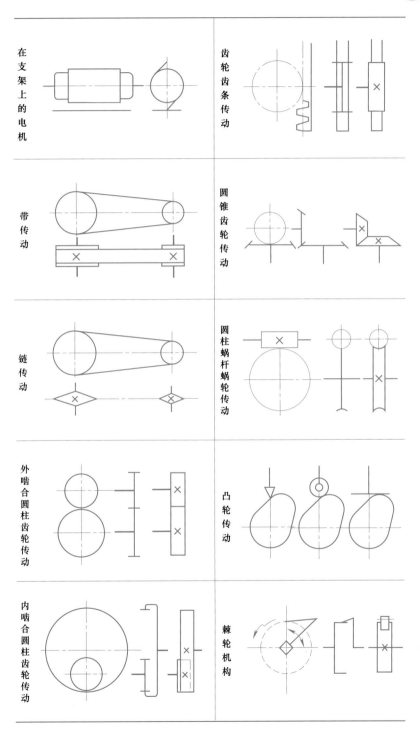

图 3-13　常见传动的表示方法

3.2.3 如何表达构件

如图 3-14 所示是常见构件的表示方法。

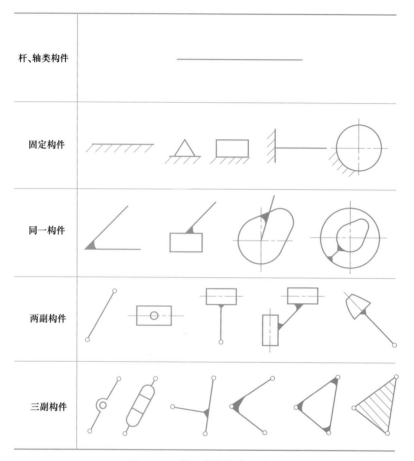

图 3-14 常见构件的表示方法

3.2.4 牛刀小试

（1）从一个简单的机构看机构的组成

组成机构的构件可以分成三类：

1）机架：机构中固定或相对固定的构件称为支架。支架主要支承其他活动构件。每个机构中都应有一个构件作为支架。

2）原动件：机构中作独立运动的构件称为原动件。原动件也称输入构件。机构中必须有一个以上的原动件。在给定了原动件的运动规律后，其他构件应具有确定的相对运动。在机构简图中，原动件一般用箭头标明运动的方向。

3）从动件：机构中除了支架和原动件以外的构件称为从动件。

如图 3-15a 是 Treadmill 公司的一款脚踏式跑步健身器，这款健身器是典型的六杆机构的应用。该健身器由锻炼者的左右脚分别驱动两套相同的但具有一定相位差的六杆机构，最终

驱动 BC 杆绕 B 轴旋转，而 B 轴上安装有负载轮（惯性轮），从而达到锻炼的目的。

下面我们以左脚驱动的一套机构为例，绘制图 3-15a 跑步健身器的机构简图。绘制机构简图前，一般要仔细分析机构的组成及运动传递情况，找出相应的支架、原动件、传动件，确定各构件之间的连接关系，然后再进行绘制。一般可以按以下步骤进行：

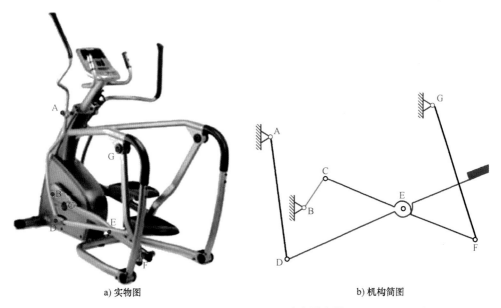

a) 实物图   b) 机构简图

图 3-15　Treadmill AFG 跑步健身器

1）分析机构的运动传递情况，找出固定的构件（即支架）、原动件及从动件；

2）从原动件开始，按运动传递的顺序，分析构件间的运动副性质，确定运动副的类型和数目；

3）测量机构的运动几何尺寸，包括固定铰链点的位置，各运动副之间的距离等；

4）选择合适的比例，按图 3-12 ～图 3-14 所给出的画法绘制机构简图。

如果是绘制运动示意图，则可跳过步骤 3）。机构简图与运动示意图的区别在于运动示意图忽略机构的运动几何尺寸而只反映各构件间的相互连接关系。运动示意图是机构设计初期常用的表达及交流工具。

图 3-15a 所示机构具有 5 个活动构件，分别是构件 AD、DE、BC、CF 以及 FG。这些构件分别在 A、B、C、D、E、F 以及 G 处形成铰链副。由此可以得到图 3-15b 的机构简图。机构的功能是将脚的跑步运动转变成构件 BC 绕 B 轴的旋转运动。我们还可以对整个机构进行自由度的校核，从侧面验证机构简图的正确性。

（2）常见的工业机器人的简化表达

机构简图是机械工程师必须掌握的工程语言。运用机构简图，不仅可以清晰地表达设计者的想法，也可以利用机构简图，简化现有的设计，了解其工作原理，进行自由度的计算，并可进一步进行运动学及力学分析。表 3-2 是目前典型的工业机器人的实物图片及机构简图的表达，有兴趣的读者可以根据机构简图了解相关工业机器人的结构构成及运动情况。

表 3-2　常见工业机器人的机构简图

机器人	实物图片	机构简图
ABB IRB2400		
ABB IRB1410		
KUKA KR5 SCARA		

（续）

机器人	实物图片	机构简图
FUNAC R-2000iB		
MOTOMAN HP20		

3.3 人体机械化与机械仿生化

3.3.1 神奇的人体

  人体是一个复杂的运动系统。总体而言，人体分为躯干、上肢、下肢以及头部。具体人体的机械化表达如图 3-16 所示。人的上肢大体上可以分为大臂、小臂、手部三大部分。大臂通过肩关节与躯干相连接，小臂与手之间通过腕关节相连接。手部由手掌与 5 个手指构成。

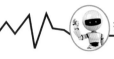

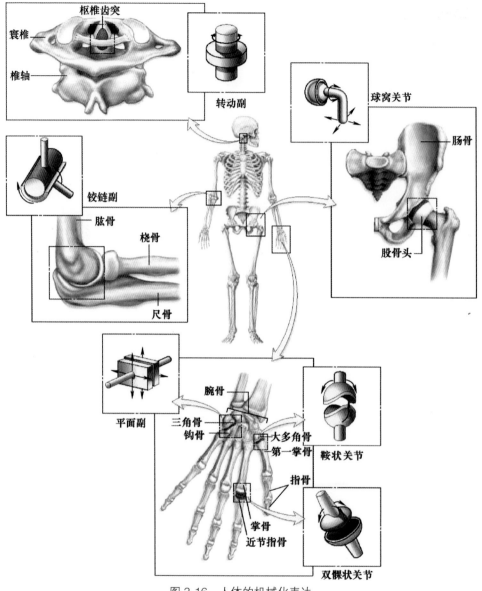

图 3-16　人体的机械化表达

　　人手是人体最复杂的运动系统，共有 27 个自由度，通过关节的屈伸，实现种种复杂的动作。尤其是大拇指与其他四指不同，它除了有与其他四指相同的屈伸功能外，还具有内外转动的功能，以及与其他 4 个指对向的功能，这种对向动作，大大提高了手的抓握机能。

3.3.2　工业机器人的执行系统构成

　　机器人执行机构是机器人赖以完成工作任务的实体，它由构件通过运动副（关节）连接而成。工业机器人是典型的机器人，其功能是模拟人的上肢运动，从而替代人完成复杂的劳

动。因而工业机器人的执行机构也有类似人的上肢的组成部分：机座（躯干）、腰部、臂部、腕部、手部，如图 3-17 所示。

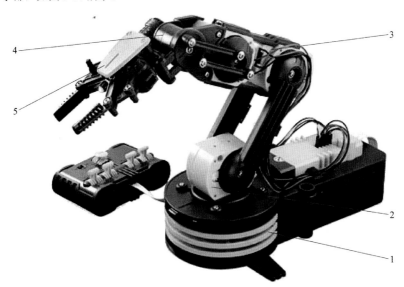

图 3-17　机器人的执行机构
1—机座　2—腰部　3—臂部　4—腕部　5—手部

1）机座：机座是机器人的支撑部分，类似人体的躯干。机器人机座有固定式和移动式两种类型。机座必须具有足够的刚度与稳定性，移动式机座还必须有相应的移动机构，它能根据工作任务的要求，带动机器人在一定空间范围内运动。

2）腰部：腰部是连接臂部和机座的部件，通常是回转部件。由于它的回转，再加上臂部的运动，就能够使腕部作空间运动。腰部是机器人执行机构的关键部件，它的制造误差、运动精度和平稳性对机器人的定位精度有很大的影响。

3）臂部：连接腰部和腕部的部分，通常由两个臂杆组成。主要作用是把被抓取的工件运送到给定的位置，并将各种载荷传递到机座。

4）腕部：腕部通过机械接口与手部相连。它通常有 3 个自由度，一般为复杂的轮系结构。主要作用是带动手部完成任意姿态。

5）手部：一般称末端执行器，是工业机器人直接进行工作的部分。它可以是各种夹持器、电焊枪、油漆喷头等。

3.4 形形色色的机器人执行机构

3.4.1　灵活善变的机械手机构

机器人手部是机器人为了进行作业，在手腕上配置的操作机构。因此，有时也称为末端操作器。机器人的手部是最重要的执行机构，安装在手臂的前端，手部与手腕有机械接口，

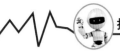

也可能有电、气、液接头，当工业机器人作业对象不同时，可以方便地拆卸和更换手部。

手部可以像人手那样具有手指，也可以是不具备手指的手；可以是类人的手爪，也可以是进行专业作业的工具，比如装在机器人手腕上的喷漆枪、焊接工具等。

（1）灵巧仿生机械手

如图 3-18 所示，灵巧仿生机械手以人手为仿生对象，能够实现类似人类手指的精细灵巧的各种动作，结合人工皮肤、计算机触觉、力控技术、人工肌肉、直接驱动等先进的仿生技术、机械传动技术、传感技术以及电子技术与控制方法，成为结构上以及功能上的人手替代品，使得残障人士也能够自主地完成复杂灵巧的抓取操作，找回生活的信心。

灵巧机械手的发展趋势是向人手不断靠近，不论是在外形尺寸、手指的数目还是自由度、触觉能力和抓取操作功能等方面。当仿人五指机械手在结构、尺寸及触觉等方面达到人手的程度，它才能真正实现人手的延伸，为残疾人提供人"手"合一的美好体验。

四指灵巧机械手

名　称：HIT/DLR 手
年　份：2004年
自由度：13个
特　点：有4个相同结构的模块化手指、13个自由度，具有位置、力/力矩以及温度等多种传感器。

三指灵巧机械手

名　称：stanford / JPL 手
年　份：1982年
自由度：9个
特　点：首次完整引入位置、触觉、力控技术。

人手常见操作姿态

五指灵巧机械手

名　称：i-Limb 手
年　份：2007年
自由度：24个
特　点：可以完成日常生活的各种操作。能够与上臂残留的肌肉和神经连接，直接感应脑部发出的信号。

| 提 | 笔握 | 两指捏拿 | 三指捏拿 | 夹取 | 抓握 |

图 3-18　灵巧机械手及其操作姿态

（2）工业机械手

工业机械手主要安装于工业机器人手臂的末端，用于抓取、夹持工件，或者对工件进行操作。手指是直接与工件接触的部件，手部松开和夹紧工件，就是通过手指的张开与闭合来实现的。工业机器手一般有两个手指，有的也有三个或多个手指，其结构形式常取决于被夹持工件的形状和特性。如图3-19所示，指端的形状通常有两类：V形指和平面指。V形指一般用于夹持圆柱形工件。平面指可用于夹持方形工件（具有两个平行平面）、板形或细小棒料。另外，尖指和薄指、长指一般用于夹持小型或柔性工件。

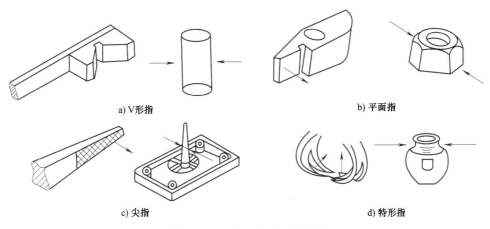

a) V形指 b) 平面指

c) 尖指 d) 特形指

图 3-19　工件形状与手指结构

图3-20、图3-21是两种典型的工业机械手类型。一对手指通过传动机构驱动手指作相向或背离运动，传递运动和动力，以实现夹紧和松开工件。

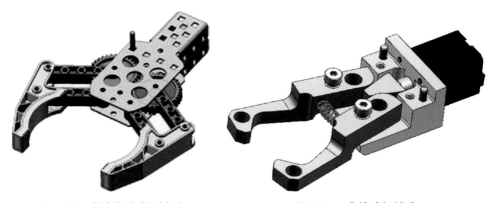

图 3-20　齿轮传动式机械手　　　　图 3-21　凸轮式机械手

3.4.2　多自由度腕部机构

机器人手腕是连接手部和手臂的部件，它的作用是调节或改变工件的方位，因而具有独立的自由度，以使机器人手部满足复杂的动作要求。腕部自由度定义如图3-22所示。

手腕按自由度数目可分为单自由度手腕、二自由度手腕和三自由度手腕，见表3-3。

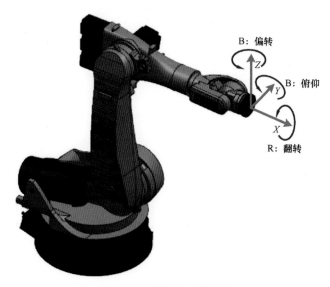

图 3-22　腕部自由度定义

表 3-3　工业机器人常见手腕结构示意

自由度	手腕结构形式		
单自由度	a) R手腕(翻转)	b) B手腕(俯仰)	c) B手腕(偏转)
二自由度	d) BR手腕	e) BB手腕	
三自由度	f) BBR手腕	g) BRR手腕	h) RRR手腕

腕部实际所需要的自由度数目应根据机器人的工作性能要求来确定。在有些情况下，腕部具有两个自由度：翻转和俯仰或翻转和偏转。一些专用机械手甚至没有腕部，但有的腕部为了特殊要求还有横向移动自由度。图 3-23 是几种常见机器人的腕部结构，读者可以结合表3-3 对其运动原理进行分析。

a) FANAC S420F腕部结构　　　b) KUKA KR700腕部结构　　　c) 一种排爆机器人的腕部结构

图 3-23　几种典型的机器人腕部结构

3.4.3　远攻近打的手臂机构

机器人的臂部的主要作用是将机械手运动至工作空间内的任意位置，完成抓取、放置、焊接、喷涂等操作功能。手臂运动有 3 个自由度，才能保证机械手到达工作空间内的任意位置。根据自由度的配置不同，机器人手臂可以分为如下几种类型：

（1）直角坐标手臂结构

如图 3-24 所示，它有 3 个正交的移动关节（PPP），可使末端操作器作 3 个方向的独立位移。

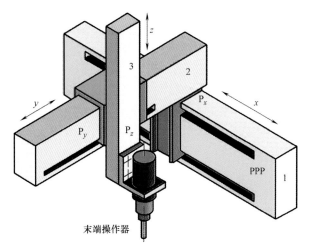

图 3-24　直角坐标机械手臂

该种型式的手臂结构定位精度较高，空间轨迹规划与求解相对较容易，计算机控制相对较简单。它的不足是空间尺寸较大，运动的灵活性相对较差，运动的速度相对较低。

（2）圆柱坐标手臂结构

圆柱坐标手臂结构如图 3-25 所示，它有两个移动关节和一个转动关节（PPR），末端操作器的安装轴线的位姿由（z, r, θ）坐标予以表示。该种型式的工业机器人，空间尺寸较小，工作范围较大，末端操作器可获得较高的运动速度。它的缺点是末端操作器离 z 轴越远，其切向线位移的分辨精度就越低。

（3）球坐标手臂结构

球坐标手臂结构如图 3-26 所示，它有两个转动关节和一个移动关节（RRP），末端操作器的位姿由（θ, ϕ, r）坐标予以表示。该种型式的工业机器人，空间尺寸较小，工作范围较大。

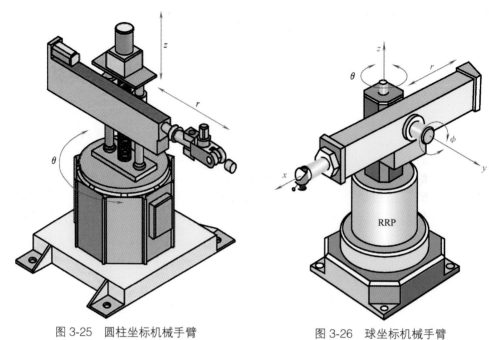

图 3-25 圆柱坐标机械手臂　　　　　　　　图 3-26 球坐标机械手臂

（4）关节式手臂结构

手臂与人体上肢类似，其 3 个关节都是回转关节，这种手臂结构一般由立柱和大小臂组成，立柱与大臂形成腰关节，大臂与小臂形成肘关节，可使大臂作回转运动 θ_1 和使大臂作俯

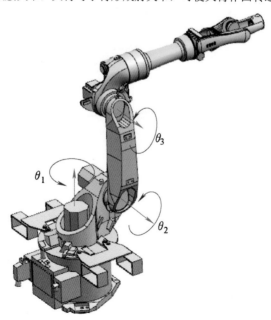

图 3-27 关节式机械手臂

仰摆动 θ_2，小臂作俯仰摆动 θ_3，如图 3-27 所示。其特点是工作空间范围大，动作灵活，通用性强，能抓取靠近机座的物体。

关节式手臂结构由于动作灵活，工作空间大，通用性强等优点，成为当今工业领域中最常见的工业机器人的形态，适合用于诸多工业领域的机械自动化作业，比如自动装配、喷漆、搬运、焊接等工作。

3.4.4 形式多样的行走机构

行走机构是行走机器人的重要执行部件，它由驱动装置、传动机构、位置检测元件、传感器、电缆及管路等组成。它一方面支承机器人的机身、臂部和手部，另一方面还根据工作任务的要求，带动机器人实现在更广阔的空间内运动。

机器人行走机构主要的结构形式有车轮式行走机构、履带式行走机构以及足式行走机构。此外，还有步进式行走机构、蠕动式行走机构、混合式行走机构和蛇行式行走机构等，以适合于各种特别的场合。

（1）轮式移动机构

轮式移动机构主要有独轮式、两轮式、三轮式以及多轮式，如图 3-28 所示。其结构简单，质量轻，功耗小，控制方便，运动灵活，尤其三轮、四轮以及六轮最为常见。缺点是其越障能力较差，但可以通过选择合适的悬架系统来提高其地形适应能力，如图 3-28e 所示的六轮火星探测机器人，每个轮子由具有自适应的悬架支撑，以适应复杂的地貌。

a) 独轮移动机器人

c) 三轮行走iRobot清扫机器人

b) iRMP两轮移动机器人

d) Cyclops四轮移动机器人

e) 六轮火星探测机器人

图 3-28 轮式移动机器人

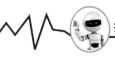

（2）履带式移动机构

履带式移动机构是轮式移动机构的拓展，履带本身起着给车轮连续铺路的作用，着地面积较大，压强较小，与路面的黏着力较强，能在不平和松软的路面上稳定移动，具有很强的越野能力，控制也简单。但功耗较大，运动灵活性差。常见的履带结构形式如图 3-29 所示。

a) 鹰爪军用机器人   b) 辅助履带行走机器人   c) 六履带行走机器人

图 3-29　能爬楼梯的履带式移动机器人

（3）足式移动机构

面对崎岖的路面，轮式和履带式行走工具必须面临最坏的地形上几乎所有的点，相比之下，足式运动方式则优越得多。首先，因为足式运动方式的立足点是离散的点，它可以在可能达到的地面上选择最优的支撑点；其次，足式运动方式具有主动隔振能力，尽管高低不平，机身的运动仍然可以相当平稳。

足式行走机构常见的有两足、三足、四足、六足等，足的数目越多，承载能力越强，但是运动速度越慢，双足和四足具有良好的适应性和灵活性，最接近人类和动物，因而是足式行走机器人常见的结构形态。

（1）全能的 ASIMO

让机器人能像人一样自由自在地行走、奔跑，一直以来似乎仅仅是个梦想。而随着人类科学技术的发展，这些存在于科幻中的梦想逐渐成为现实。在机器人行走机构中，两足行走一直是研究的热点问题。全世界顶级科研机构纷纷推出自己的两足步行机器人，其中最为突出的是 ASIMO 机器人，如图 3-30 所示。

ASIMO 每条腿有 6 个自由度，其中髋关节有 3 个自由度，膝关节有 1 个自由度，踝关节有两个自由度。独特的 i-WALK 智能行走技术赋予 ASIMO 非凡的预测移动技术，同时使它的行走更加具有灵活性，使 ASIMO 能够像人一样自由漫步或如飞疾跑。

（2）健步如飞的忠实战士—BIG DOG

四足步行机器人 BIG DOG，也称"大狗"，如图 3-31 所示，是波士顿动力公司研发的越野机器人，也是四足机器人的典型代表。

该机器人全身分布近 50 个传感器，包括陀螺仪、GPS、温度、流量、力、立体视觉、激光雷达等传感器，配合机载电脑系统，构成"大狗"智慧聪明的大脑，对"大狗"进行任务分析、环境感知与判断、路径选择、行走姿态控制、自身状态监测等提供全方位的支持，从而赋予"大狗"无与伦比的越野性能。该机器人不仅能穿越丛林、雪地、陡峭崎岖的山路，甚至可以在光滑的冰面上如履平地，负重前进。

a) 自在步行

b) 以时速9km奔跑

c) 在崎岖路面上行走

d) 踢足球

e) 机器人

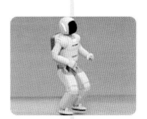

f) 单脚跳跃行走

g) 上下台阶

h) 预测行人的行走方向

i) 双脚跳跃悬空

图 3-30　善跑能跳的两足机器人 -ASIMO

a) 大狗在雪地

b) 大狗在丛林

图 3-31　任劳任怨的机器狗 -BIG DOG

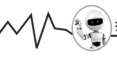

图 3-32 是"大狗"与狗的腿部结构对比。"大狗"充分借鉴了狗的腿部结构，在腿部增加了缓冲，同时增加力的监控，一方面适应恶劣的地貌，另一方面对 4 个腿的载荷进行监控与优化，实现载荷的平衡。

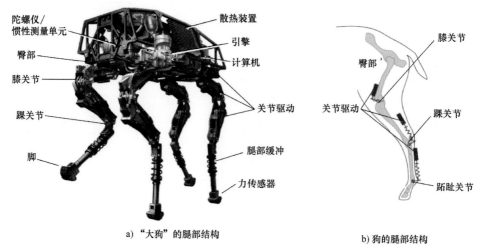

a)"大狗"的腿部结构

b) 狗的腿部结构

图 3-32 "大狗"与狗的腿部结构对比

（3）不仅仅是玩具——一种八足机器人

以上腿部机构都属于开链机构，也就是腿部由若干个连杆通过关节连接但不构成回路。在机构学中，还有另一种机构，称为闭链连杆机构，该类机构中任意一个连杆至少与其他两个连杆相连，如图 3-33a 所示的是一种闭链的六杆机构。开链机构常见于工业机器人机构，开放的关节都需要有电动机或者其他原动机驱动。闭链机构较常应用于单自由度系统中，即只有一个原动机，多自由度的闭链机构需要相对复杂的控制算法。

图 3-33a 的六杆机构是一个单自由度的机构，选择连杆 O_1A 作为主动构件，其他的连杆

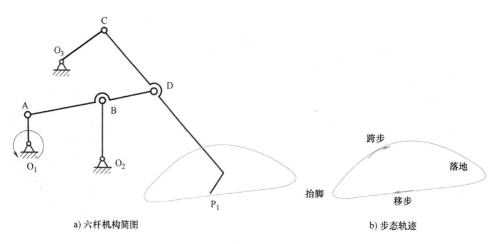

a) 六杆机构简图

b) 步态轨迹

图 3-33 一种六杆机构及其轨迹

则按照一定的规律进行运动。如果选择连杆 CD 上的一点 P_1 作为轨迹发生点，在杆长合适的条件下，P_1 将绘制出一个如图 3-33a 中所示的轨迹。该轨迹与图 3-33b 所示的人走路时脚部所形成的轨迹类似。

利用 LEGO 可以搭建如图 3-34 所示的腿部机构。图 3-35 所示是有两套同样的腿部机构构成的步行系统。这两套腿部机构由同一台电动机驱动，通过齿轮 1、齿轮 2 以及齿轮 3 将动力分别传递给两套机构的驱动连杆。

为了能够顺畅行走，左右两套腿部机构具有一定的相位差，即取机构运行的不同时态，如图 3-36 所示，以保证一只脚抬起时，另一只脚着地，带动身体向前移动。

如图 3-37 所示，利用上述的腿部机构再构建其他三套同样的腿部，再配上控制系统，一个简单的步行机构人就完成了。你可以为它配置各种传感器，如测距、声控、接触传感器、光控、甚至视觉，让它变成真正的无所不能的机器小帮手。

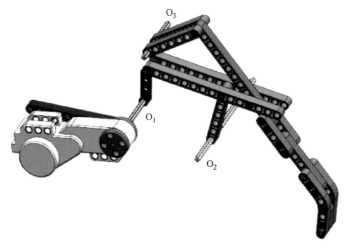

图 3-34　单个腿部机构图

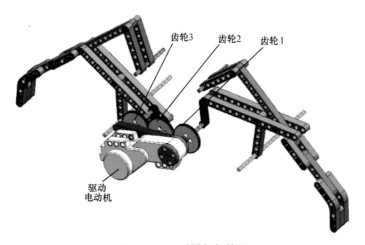

图 3-35　一对腿部机构图

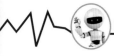
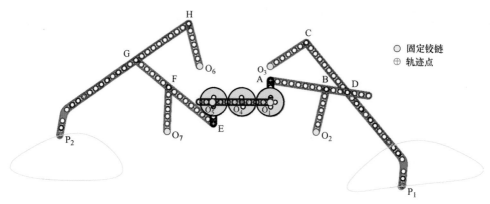

图 3-36　腿部机构的协调动作

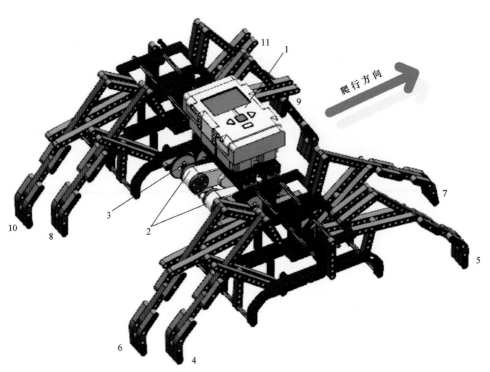

图 3-37　LEGO 搭建的机械螃蟹

1—运动控制器　2—电动机　3—齿轮　4～11—腿

第 4 章

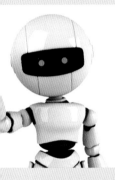

机器人的感官与控制

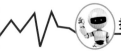

4.1 人与机器人

发展机器人的目的，就是为了协助或者替代人类完成操作任务，因此人与机器人在构造与功能两方面都有某种程度的联系与相似。人体生理组织是生物科学分析的内容，机器人构造是机械学与电子学研究的对象。通过比较"人"与"人造装置"在感知和动作方面的相同点和差别，可以获得源于自然界的启迪，帮助我们更加深入理解现有机器人的工作原理，开发出性能更为优越、用途更为广泛的自动化装置。

观察人的肢体构造与机器人的执行部件，如图4-1、图4-2所示，可以发现它们的共同特点都是将驱动信号转换成机械运动。对于人来说，是将大脑发出的神经信号转换成肌肉的收缩与松弛，进而牵引骨骼产生运动。对于机器人来说，是将控制系统发出的指令信号，转换成驱动电动机轴的转动，通过机械传动使机械臂和机械手的各个构件产生运动。

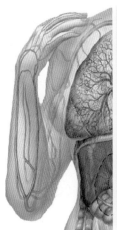  

图 4-1　人与机器人的构造对比一

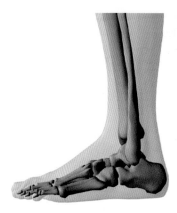  

图 4-2　人与机器人的构造对比二

就像人一样，机器人也有"感官"，机器人的"感官"就是各种各样的检测部件。机器人用它的检测部件"察觉"周围环境，根据获得的各种数据调整自己的"举止"，对外界变化做出"反应"。图 4-3 为一台构造与人体相当接近的仿人型机器人，在它的头部装有摄像机，这台摄像机就是机器人的"眼睛"。机器人用摄像机拍摄前方和两侧的场景，用计算机程序对捕获到图像进行处理，"得知"地面上一个球体相对于自身的实际位置。然后驱动下肢中的各个关节，使机器人在行进过程中逐步靠近球体，最终完成踢球动作。

图 4-4 为一台用乐高（Lego）器材搭建的机器人小车。在车体上安装了多种检测部件，有的是通过发射光线和检测光线用来检测地面的平整情况，见图 4-4b，有的是用类似话筒的敏感部件来接收声音信号，见图 4-4c。这种敏感部件就是机器人的"耳朵"。它能够检测从目标物体发出的声波，通过处理接收到声波信号，可以"判断"目标物体与自身的相对位置。这些安装在机器人小车上的"感官"部件改变了小车的性质，即它不再是简单的一台车辆装置，也不是仅仅按照计算机程序规定的路线前进。机器人小车通过自己的检测部件获得了感

图 4-3　仿人型机器人踢球

a) 机器人小车　　　　　　　　　　　b) 检测地面　　　　　　　　　　　c) 接收声音信号

图 4-4　安装在乐高小车上的检测部件

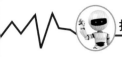

觉工作环境的功能，如果地面上有凹陷，它可以预先"看到"。然后通过自己的控制系统调整行进路线，实现绕道回避。如果前方有发出声响的目标物，它可以及时"听到"。然后通过自己的控制和驱动系统实现自动跟踪。安装了"感官"部件以后，机器人小车的自主移动能力得到了大幅度提高。

有相当一部分的工业机器人从事装配作业，为了保证机械臂末端的机械手爪能够准确地夹持物体，被装配的部件需要事先安放在指定位置。机器人的控制程序根据装配对象的位置数据编写。如果对象的位置发生较大变动，或是被随意放置，预定的装配任务就不可能顺利完成。所以为了降低对工件置放的位置精度要求，提高作业效率，适应在各种环境下的操作要求，工业机器人也需要具备"视觉"功能。需要像人一样，用"手"和"眼"以及"大脑"之间的协调运作来完成各种精细操作。

图4-5a所示为一个有"眼睛"的机器人。在机器人上方装有一个摄像机，位于图4-5c上角，它拍摄到的场景视频被传送到位于图4-5a左下角控制计算机，计算机的操作系统和应用软件会捕获视频中的图像，如图4-5b所示。计算机软件首先对场景图像进行预处理，将彩色图像转变为只有像素亮度变化的灰度图像，进而将灰度图像转变为只有全黑和全白两种像素的黑白二值化图像，然后用专用的算法求出操作对象的质心点坐标和工件基准轴的方位角。根据这两个关键数据驱动机器人的机械装置。按照操作对象的实际位置逐步调整机械臂VIP的姿态，调整机械手爪的开合程度，最后准确地夹持住操作对象，如图4-6所示。这种能够"看到"工件的机器人是有适应性的机器人，即便工件的位置与预先规定的有较大不同，它也能实时地调整自己的运动规律，完成预定的操作任务。

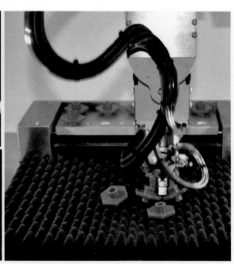

a) 有"眼睛"的机器人   b) 从视频中捕捉场景图像   c) 根据图像处理结果驱动机器人执行部件

图4-5 执行分拣任务的机器人

比较人的感官与机器人中的传感器，可以发现两者的共同特点都是作信号变换，将一种信号变换成另外一种信号。视觉是人的最重要感官。当人用肉眼观察周围情况时，从物体表面反射的光线通过人眼的屈光系统落在视网膜上，如图4-7a所示。视网膜中的感光细胞将光

图 4-6　在视觉引导下的机器人抓握操作

量子能量转换成电信号，该信号引起人的视觉神经冲动，沿视路传递到视觉中枢形成视觉。与此相对应，机器人使用视觉传感器（见图 4-7b）了解工作环境。视觉传感器中的感光器件将光学成像转换成特定形式的电信号，传输到机器人的控制系统，从而使机器人获知它的操作对象的形状和位置，察觉工作环境的变化，据此自动调整机械臂的运动姿态和末端执行器的运动轨迹。

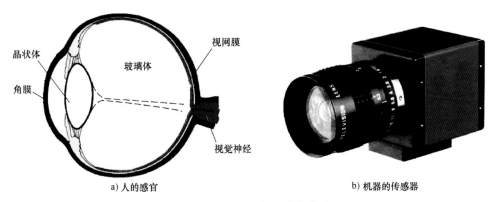

a) 人的感官　　　　　　　　　　　　　　　b) 机器的传感器

图 4-7　人眼构造与视觉传感器

　　听觉使人感知外部环境中的声波信号。外界声音通过人耳的外耳道传送到中耳，振动空气产生的压力变化使中耳的鼓膜振动，如图 4-8a 所示，从而使声能转换成机械能，又通过耳蜗中基底膜位移和毛细胞弯曲，由神经纤维向人的听觉中枢传送代表声音信号的电脉冲。与此相类似，机器人使用传感器，检测声音信号，如图 4-8b 所示。在驻极体电容传声器中，声波引起驻极体薄膜振动，因此改变了两块极板之间的距离，两块极板构成了一个电容。薄膜的振动改变了电容量，电容器两端电压随之变化，实现从声音到电信号的变换。

　　触觉能够使人通过触摸获取外界信息。在人的表皮、真皮及皮下组织内有感觉神经，如图 4-9a 所示，其功能是感知各种刺激，引起相应的神经反射。表皮中的游离神经末梢可感受到温度、痛觉和触觉，其中触觉是接触、滑动、压觉等机械刺激的总称。人依靠触觉器官感知所接触物体的情况。与此相联系，机器人也可以配备各类触觉传感器，如图 4-9b 所示。触觉传感器中装有阵列状分布的敏感器件，其作用是判断机器人的夹持器与对象物的接触状态。用来

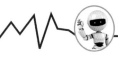

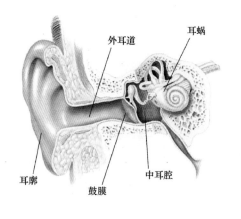

a) 人耳

b) 传感器

图 4-8　人耳构造与声音传感器

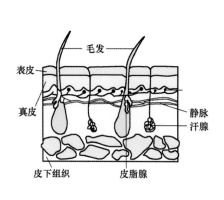

a) 人的皮肤

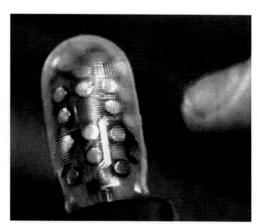

b) 触觉传感器

图 4-9　人的皮肤构造与触觉传感器

判断机器人是否接触到物体，感知接触力的大小，获取对象物几何形状信息。机器人的控制系统根据触觉传感器提供的信息，自动调整机械夹持器的姿态和作用力。

　　大脑皮层是调节躯体运动的最高级中枢，人体运动是在中枢神经系统的调节下完成的。不同的运动神经元支配骨骼肌中的不同肌肉。当人有肢体活动意念时，由大脑通过神经系统支配骨骼肌收缩或舒张，如图 4-10a 所示。带动关节使人的肢体产生屈曲和伸直。与此相接近，在控制机器人的过程中，必须用计算机程序计算出机器人的运动参数，向驱动电路发出规定的运动指令。驱动电路将接收到的运动指令转换成驱动各类电动机所需的电流和电压值，驱使机械臂中的电动机转动，通过各种传动机构将运动和力传递到机器人的执行部件，产生预先规定的动作。图 4-10b 为一个用软索牵动的多指仿人型机械手。

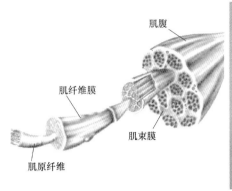

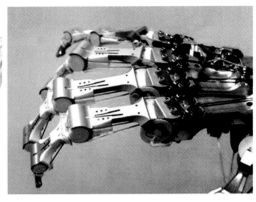

a) 人体骨骼肌　　　　　　　　　　　　　b) 仿人机械手

图 4-10　人的骨骼肌肉与机器人的关节驱动器

4.2 机器人中的子系统

　　一个系统（System）由若干个元素（Elements）组成。元素与元素之间有相互联系，按照一定的规律组成系统。在科学研究中，不仅仅需要进行个体分析，还应该进行系统分析，将若干个互相有联系的个体组合成为一个整体进行分析。运用系统分析的观点，可以帮助我们分解问题：将一个比较复杂的大问题分解成为若干相对简单的小问题。同时系统分析还可以帮助我们理解总体和局部的联系、局部与局部之间的联系。通过系统分析，我们还可以建立层次概念，一方面从上往下进行从顶层到底层的逐级分析，也可以反过来，从下往上实行从底层到顶层的逐级分析。

　　当一个系统的内容很多、关系很复杂时，为了研究需要，还应该将其细分为若干个子系统（Sub System）。机器人是一个典型的机电一体化系统，它涉及机械、电子、计算机程序等多方面，所以应该将其细分为三个子系统，即"机械构造"子系统、"运动控制"子系统和"传感检测"子系统，如图 4-11 所示。这三个子系统既可以单独存在，也可以组合成一个总的机器人系统。

　　在机器人的各个子系统中，包含若干个元素。例如在"机械构造"子系统中，有"机座"元素、"驱动电动机"元素、"减速器"元素、"制动器"元素、"机械臂"元素、"机械腕"元素和"末端执行器"元素等。在"运动控制"子系统中，有"人机交互模块"元素、"数值计算模块"元素、"图形显示模块"元素、"数据通信模块"元素和"放大驱动模块"元素等。在"传感检测"子系统中，有"关节轴角度检测"元素、"障碍物探测"元素、"作用力检测"元素和"视觉检测"元素等。

　　用系统的观点看待机器人，将机器人中的一组或一个物件冠以"---"子系统或"---"元素的标记，有助于揭示机器人中各个零部件的本质特性，突显机械部分、电子部分、计算机程序部分之间的紧密联系，强调机械零部件、电子元器件和控制程序模块之间的相互作用，对于我们研究力学和电学的关系，深刻理解机器人的工作原理有很大帮助。

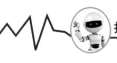

图 4-11　机器人系统

4.3 机器人的器官——传感器

在现实世界中存在各种各样的物理量，例如作用力大小、光的强弱、温度的高低、声波的强度、物体位置的变化等。传感器（Sensor）是检测装置，被用来采集自然界中的各种物理量和化学量。在日常生活中有许多传感器检测的实例：电视机中的红外传感器检测来自遥控器的信号、扬声器检测声音信号、电子秤检测货品重量（见图 4-12a）、电子体温计检测口腔温度（见图 4-12b）、数字血压计检测人体血管内压力、旅馆中的烟雾报警器（见图 4-12c）检测室内烟雾浓度、酒店自动门检测人员的靠近、摄影师用的测光表检测光照亮度、电动车防盗器检测车体振动、智能手机中的加速度传感器检测手机倾斜方位。

传感器使机器人有了"感觉"。通过接收和处理传感器输出的信号，各种自动化装置可以

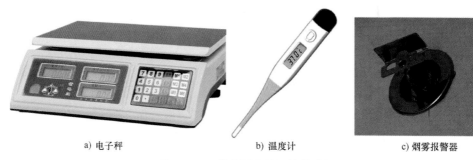

a) 电子秤　　　　　　　　　　　b) 温度计　　　　　　　　　c) 烟雾报警器

图 4-12　日常生活中使用的传感器

察觉到工作环境中的各种变化，感受到被测量的信息，进而更加精细准确地调整自己的工作状态。传感器利用特定的物理效应，将被测信号量的微小变化，按一定规律变换成为电信号或其他所需形式的信息，以满足信息的传输、处理、显示、记录等要求。传感器经常被用来监测和调整生产过程中的各种现场参数，是自动控制系统中的关键环节。

常用的传感器有测量拉力的电阻应变式传感器，如图 4-13 所示，测量光线的光敏传感器，测量温度的热电阻传感器，检测障碍物存在的超声传感器，检测反射光强弱的红外传感器，测量磁场变化的霍尔传感器，检测芯轴转角的旋转式光栅传感器，检测直线位移的容栅传感器，测量距离的激光传感器，还有检测场景图像的视觉传感器。衡量传感器工作性能的指标有线性度、灵敏度、迟滞差值、重复性、漂移、分辨力和阈值。

机器人中的旋转关节如图 4-14 所示。

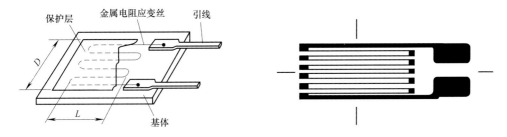

图 4-13　测量拉力的电阻应变式传感器

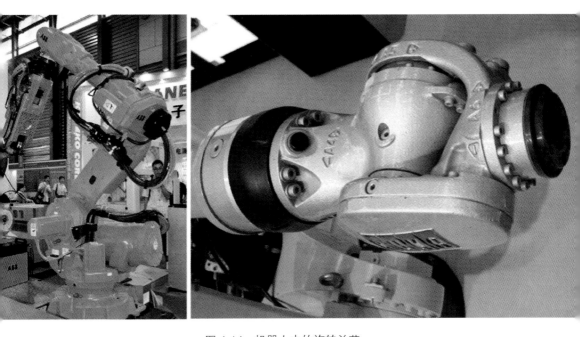

图 4-14　机器人中的旋转关节

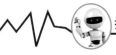

4.3.1 检测旋转关节运动位置的传感器

在机器人的工作过程中，需要用传感器检测出机械臂中各活动部件的位置、速度和加速度。比照实际状态与事先设置的理想状态，计算出两者之间存在的误差，执行进一步的调整来缩小这种误差，从而使机器人运动控制达到更高的精度。机器人通常采用旋转关节连接各个活动部件，例如联结机架和机械臂座的腰座关节，连接机械臂座和主臂构件的肩关节，连接主臂构件与前臂构件的肘关节，连接前臂构件与末端执行器的腕部关节。这些旋转关节的角度位置决定了机械臂的姿态。在机器人运动控制系统中，需要用旋转位置传感器来检测各关节的角度，获取机械臂的运动姿态。

旋转式电位器是一种常用的电子器件，如图 4-15 所示，其实质是阻值可以变化的电阻器。当电位器轴转动时，可变电阻的滑动端与电阻片的接触位置发生变化，从而改变了电位器活动端与固定端之间的阻值。当旋转式电位器两个固定端 A 和 B 接恒定电压时，在滑动端 W 就会输出与电位器轴旋转位置相关联的电压值。从而将电位器轴的旋转运动转化为连续变化的电信号。旋转式电位器可以作为简易的角度位置检测传感器。

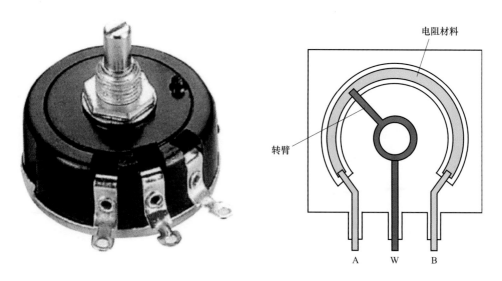

图 4-15　旋转式可变电位器

为了提高旋转关节的角度检测精度，工业机器人大多采用光电编码器（Encoder）。光电编码器是一种将旋转轴的转动角度转换为脉冲信号或数字量的传感器，如图 4-16a 所示。它的核心器件是固定在旋转轴上的光栅盘，如图 4-17a 所示。光栅盘一般由光学玻璃制成，在上面刻有均匀分布的透光细缝。在光栅盘的两边分别装有发射光的光源器件和接收光的光敏器件，如图 4-16b 所示。当旋转轴带动光栅盘旋转时，光线时而通过光栅盘中的透光狭缝照射到光敏器件，时而被光栅盘中不透光部分所阻隔。因为接收到光照强度时高时低，引起通过光敏器件的电流发生同期性变化，这种电流变化信号经整形放大后向外部电路输出脉冲信号。在这种输出信号中，脉冲的个数与旋转轴转动角度有严格的对应关系。

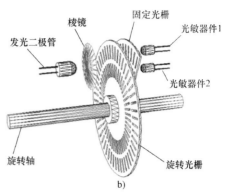

图 4-16　旋转式光电编码器

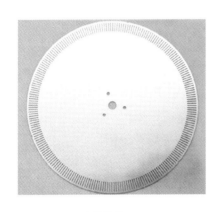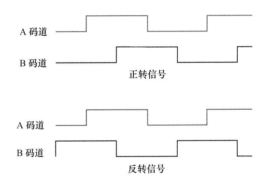

a) 光栅盘

b) 脉冲信号

图 4-17　光栅盘与光电编码器输出信号

光电编码器具有分辨能力强、测量精度高和工作可靠等优点，常被用于在机器人中检测机械臂相邻两构件的相对角度。通过计算每秒钟内光电编码器输出的脉冲个数，光电编码器还能够检测机械臂关节的转动速度。按照工作原理，光电编码器分为增量式和绝对式两种类型。增量式编码器只能输出被测轴角度的变化量，不能测出绝对角度。绝对式编码器能直接给出与角位置相对应的数字码。此外，为判断轴的旋转方向，一些光电编码器还可提供两路相位相差 90° 的脉冲信号，如图 4-17b 所示。利用两路有超前或滞后关系的脉冲信号，处理电路可以判断运动轴的正转或反转。具体做法是在一路脉冲信号的阶跃时刻（上升沿或下降沿），判断另一路脉冲信号的电平高低。

4.3.2　检测光线变化的传感器

光是一种电磁波（Electromagnetic Wave），分为可见光和人眼不可见的红外光和紫外光。光线传感器可以将光照强度的变化转换为电量的变化，它的基本原理是光电效应（Photoelectric Effect）。在光的照射下，某些物质内部的电子会被光子激发出来形成光电子（Photoelectron）。在正向电源的作用下，这些逸出的光电子到达阳极形成光电流，如图 4-18

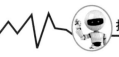

所示。实验证明：入射光的强度（即单位时间内通过垂直单位面积的光能）决定了光电流的大小。常用的光线传感器是光敏二极管和光敏晶体管。

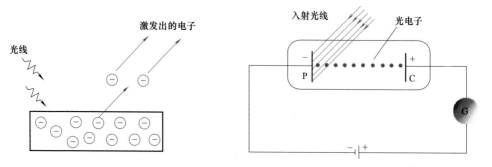

图 4-18　光电效应

　　光敏二极管也叫光电二极管，如图 4-19a 所示，其管芯是一个对光线照射敏感的半导体 PN 结（P 型半导体与 N 型半导体的交界面）。在无光照时，光敏二极管处于截止状态，仅流过很小的饱和反向漏电流（暗电流）。当受到光照时，使 PN 结中产生电子 - 空穴对，少数载流子密度增加。这些载流子在反向电压作用下产生漂移形成光电流，光电流的大小与光照强度有关。光敏二极管能够将所受光照亮度的变化转换成光电流大小的变化。

　　图 4-19b 所示为光敏二极管的应用电路。光敏二极管（VD）中流过的光电流决定了晶体管（VT）的基极电流，在其集电极回路中就会流过放大的集电极电流。该电流的变化将引起在电阻 R_c 上电压降的变化。输出电压 V_{sc} 就会根据光敏二极管所受光照强度的大小而发生改变。光敏晶体管是本身具有电流放大作用的光敏器件。当它的 PN 结受到光辐射时形成的光电流由基极进入发射极，根据晶体管的电流放大特性，可以在集电极回路中得到一个放大 β 倍的信号电流。与光敏二极管相比，光敏晶体管的检测灵敏度更高。

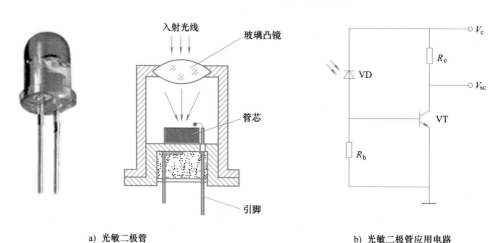

a) 光敏二极管　　　　　　　　　　　　　　　　b) 光敏二极管应用电路

图 4-19　光敏二极管与应用电路

4.3.3　红外线与红外传感器

红外线（Infrared Ray）是波长在 1mm 到 770nm 之间的电磁波，位于光谱（Light Spectrum）红色可见光的外侧，如图 4-20a 所示。人眼看不见红外线。但红外线具有明显的热效应，有时候可以感受到它的热辐射。自然界的许多物体（包括人体自身），都在时时刻刻向外界发射波长不同的红外线，如图 4-20b 所示。利用红外线的热辐射效应和光电效应，可以制成多种不同类型的红外传感器，如图 4-21a 所示。

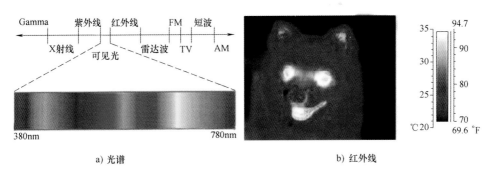

a) 光谱　　　　　　　　　　　　　　　　　　b) 红外线

图 4-20　光谱与热成像

当红外线照射到一种物体上时，一部分红外光会被物体表面吸收，剩余的红外光会被反射。被吸收的红外光多少与物体材质和色彩密切相关。白色表面的对象物只能吸收少量红外线，黑色表面的对象物能够吸收大量红外线，如图 4-21b 所示。利用这一性质，通过检测在物体表面反射的红外光强度，就能间接地检测到物体表面的色彩状态。也可以用来判断前方障碍物的存在，提供目标物的方位信息。

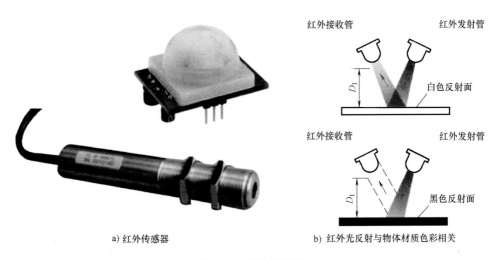

a) 红外传感器　　　　　　　　　　b) 红外光反射与物体材质色彩相关

图 4-21　红外传感器

另一方面，在对象物材质不变的情况下，红外接收管接收到的红外线强度反映了光路中的光程长短。当红外发射管、红外接收管与对象物之间的距离增加时，由于红外线在传播过程中会衰减，红外接收管接收到的红外线强度会减弱，反之，当红外发射管、红外接收管与对象物之间的距离减小时，红外线强度会增强。根据接收到的红外线强度就可以间接测量出距离，这是红外测距的基本原理。

4.3.4 移动机器人中的传感器

移动机器人是一种由传感器、遥控操作器和自动控制的移动载体组成的机电一体化系统。可以代替人类在危险场合、有害健康的生产地点、水下环境和宇宙空间中完成指定任务，比固定式机器人有更大的机动性和灵活性。在移动机器人中，使用最为广泛的是 AGV（Automated Guided Vehicles，自动引导车）。自动导引小车 AGV，能够在生产现场按照预先规定的路径前进，还能自动地回避障碍，被用于在自动化立体仓库内和自动化柔性装配线中从事搬运操作，如图 4-22a 所示。它采用的原理是埋线电磁导引技术、基于陀螺导航的定位技术、基于激光的反射测角定位技术和激光测角与测距相结合的导引技术。

a) AGV自动导引小车

b) 自动循迹机器人

图 4-22　移动机器人

在各类机器人模型比赛中出现的自动循迹机器人也属于移动机器人，如图 4-22b 所示。通常在地面上用不同色彩的区域来标志机器人行进路线。机器人用发光器件向地面发射红外

a) 机器人安装的多对发光器和光敏器件

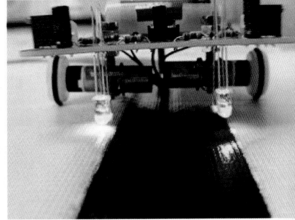

b) 根据电压信号调整前进方向

图 4-23　在自动循迹移动机器人上使用的传感器

光或可见光，用光敏器件接收从地面发射的光线。光敏器件接收到的光强度与地面材质吸收光线的情况有关。在自动循迹机器人的底部安装多对发光器件和光敏器件，如图 4-23a 所示。根据不同位置上的光敏器件输出的电压信号高低，可以获得自动循迹机器人车体与地面引导轨迹线的相对位置，判断车体偏离预定行进路线的程度，据此改变左右两个驱动轮的旋转速度，调整自动循迹机器人的前进方向，如图 4-23b 所示。

4.3.5　感觉超声波的传感器

物体在振动时会产生机械波（Mechanical Wave）。振动频率超过 20kHz 的机械波被称为超声波（Ultrasonic Wave）。它是发生在弹性介质中的机械振荡，分为横向振荡（横波）和纵向振荡（纵波）。超声波可以在气体、液体及固体中分别以不同的速度传播，也有折射和反射现象，并且在传播过程中发生衰减。超声波具有频率高、波长短、绕射现象小，方向性好、能够定向传播等特点。超声波对液体和固体的穿透能力强，在遇到杂质或分界面会产生显著反射形成回波。利用超声波的这些物理特性可做成各种超声传感器，利用声波介质对被检测物进行非接触式无磨损的检测，如图 4-24 所示。

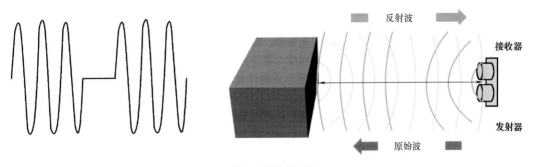

图 4-24　用超声波检测距离

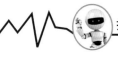

压电晶体（Piezoelectric Crystal）是一种电子材料。当对它施加挤压力或拉伸力时，压电晶体的两端就会产生极性不同的电荷（被称为压电效应）。制作超声波传感器的主要材料有压电晶体（电致伸缩）及镍铁铝合金（磁致伸缩）两类。由压电晶体组成的超声波传感器是一种可逆传感器，它在交变电压的激励下发生振动产生超声波，作为波发送器将电能转变成机械振荡而产生超声波。同时，当它接收到超声波时也能将其转变成电能，起到波接收器的作用，如图 4-25 所示。超声波传感器的检测范围取决于其使用的波长和频率。波长越长，频率越低，检测距离越远。在使用超声波测量距离时，由发射传感器发出超声波脉冲，传到对象物表面经反射后返回接收传感器，测出超声波脉冲从发射到接收所需的时间，根据在媒质中的超声波传播速度，就能得到从传感器到对象物之间的距离。

图 4-25　超声传感器

4.3.6　检测磁场变化的霍尔传感器

霍尔传感器是根据霍尔原理制成的传感器。根据霍尔效应（Hall Effect），把半导体材料置放在磁感应强度为 Bz 的磁场中，在垂直于磁场的方向上施加电场，使在半导体材料中有电流 Ix 通过。结果在既垂直于磁场 Bz、又垂直于电流 Ix 的方向上将会产生一个电场 Ey，该电场的强度与电流 Ix 成正比，与磁感应强度为 Bz 成正比，如图 4-26a 所示。根据这个原理，可以将半导体材料制成各种霍尔元器件用来测量磁场强度，通过检测电场 Ey 的强度来获知磁场强度 Bz。霍尔元器件被广泛地应用于工业自动化技术、检测技术及信息处理。

在检测距离时，将霍尔传感器固定在一点，将永磁体固定在另一端。永磁体产生的磁场就会作用于霍尔元器件，使其输出电信号，霍尔传感器所在位置的磁场强度越大，霍尔传感器输出电信号越强。因为该磁场的强度与霍尔元器件与永磁体之间的距离平方成反比，所以霍尔元器件输出的电信号强度就和霍尔元器件与永磁体的距离有直接关系。根据这个原理，可以将霍尔元器件用于测量距离。

在检测旋转角度和转速时，将霍尔传感器固定在基座上，将永磁体固定在旋转体上。在旋转的过程中，旋转体上的永磁体与机架上霍尔传感器的距离值会发生周期性变化，从而使霍尔传感器输出周期性变化电信号。用数字电路可以检测出周期信号的个数和周期值，从而获得了旋转体的旋转角度和旋转速度。

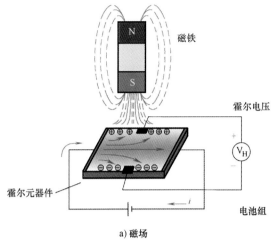

a) 磁场

b) 霍尔元器件

图 4-26　霍尔传感器的工作原理

　　霍尔元器件有两大类（见图 4-26b）：线性霍尔元器件和开关型霍尔元器件。线性霍尔元器件由霍尔元器件、线性放大器和射极跟随器组成，能够输出连续变化的电压信号。开关型霍尔元器件由稳压器、霍尔元器件、差分放大器，斯密特触发器和输出级组成，只能输出高电平和低电平。制造霍尔元器件的半导体材料主要是锗、硅、砷化镓、砷化铟、锑化铟等。霍尔元器件对磁场敏感、结构简单、体积小、频率响应宽、输出电压变化大和使用寿命长，灵敏度和稳定性均很好，还有很宽的工作温度范围。除了用于测量距离外，霍尔元器件还可以被用于检测导体中的电流。霍尔元器件在汽车上有广泛的应用。

4.3.7　激光测距传感器

　　根据物理学的研究，构成物质的原子（Atom）在不同的状态中具有不同的能量（Energy）。原子中有不同数量的电子分布在不同的能级（Energy Level）上。在高能级上的粒子受到某种光子的激发后，会跃迁到低能级上，同时将会辐射出激光（Laser）。激光的特点是定向发光、亮度极高、颜色极纯、能量密度极大。

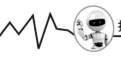

通过计算激光束发射时刻和接收时刻之间的时间差，可以间接地测量出激光测距仪与对象物之间的距离，如图 4-27a 所示。在测距仪中的激光发射器对准目标物发射，激光在被测物体表面产生反射后被测距仪中的光敏器件接收。记录激光束发射时刻与接收时刻，计算两者之间的差值。用这个时间差乘以光的传播速度即得到激光束往返距离，从而可以测量出测距仪与目标物之间的距离。激光测距还可以使用三角测量法，如图 4-27b 所示。激光器发射的一束激光穿过透镜在被测物体表面形成光斑。该光斑（物点）在 CCD 光电探测器中产生像点。因为像点在成像平面中的位置与物体与激光器的间距有关，所以通过检测像点位置可以获取激光器与被测物体之间的距离。

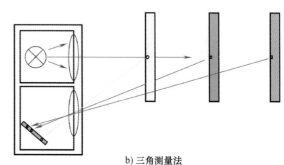

a) 通过计算激光束间接测量距离   b) 三角测量法

图 4-27　激光测距原理

激光传感器还可以用于对在空间运动的目标进行跟踪并实时地测量该目标的空间三维坐标。用激光跟踪头（跟踪仪）、控制器、用户计算机、反射器（靶镜）及测量附件等组成激光跟踪测量系统（Laser Tracker System），它的基本原理是跟踪头发出的激光束射到安装在目标点上的反射器后又返回到跟踪头，跟踪头根据接收到的返回光束自动调整激光束方向来始终对准目标。通过测量跟踪头与反射器之间的距离，用精密角度编码器测量跟踪头中两个运动轴的转动角度，激光跟踪测量系统可以用球坐标形式测算出目标物的空间位置，如图 4-28 所示。

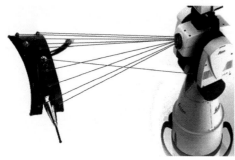

图 4-28　激光跟踪测量系统

4.3.8　视觉传感器

机器视觉（Machine Vision）用机器替代人眼来进行测量和判断，它通过摄像机将场景转换成图像，经过预处理使图像中像素分布和亮度色彩情况转变成数字化信号。控制系统进而通过各种运算来抽取目标特征得出判别结果，据此驱动特定设备动作。机器视觉系统在产品

位置判断、产品形状和表面质量检验、生产流水线监控、交通车辆管理、金相图像分析、医疗图像分析和人脸识别等方面都有广泛的应用，如图 4-29 所示。机器视觉可以使机器人获知工作环境的各种情况，自主地调整本身运动状态来适应操作对象的变化。

图 4-29　机器视觉的应用

　　机器视觉系统依靠摄像机或摄像模组获取场景信息，如图 4-30a 所示。其核心部件是摄像芯片（Camera Chip）。摄像芯片是整个机器视觉系统中的信息源，如图 4-30b 所示。它的作用是将光学形式的场景转换成电子形式的图像数据。图像（Image）的基本单位是像素（Pixel）。一幅数字图像由许多个像素点组成。像素点的位置由像素所在行和像素所在列决定。设一幅图像有 M 行和 N 列，图像中就有 M*N 个像素。目前所用的摄像芯片内含的像素点个数都超过数百万，达到很高的分辨率。在摄像芯片中的每个像素点位置上都分布一个光敏器件，它能够通过光电效应将在这一点上接收到的光信号转换成成比例的电信号。在一个像素点上接收到的光线越多，对应的光敏器件输出的电信号就越强。将各个像素点的信号数据按照一定的顺序排列，就组成了一幅图像的数据。

　　在使用 CMOS 传感器的摄像芯片中，光敏器件按列（H）方向和行（V）方向排列成阵列。为了使各光敏器件按照一定顺序向外部电路输出自己接收到的光信号，需要使用地址译码

a) 摄像模组　　　　　　　　　　　　　　　　　b) 摄像芯片

图 4-30　摄像模组与摄像芯片

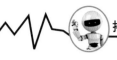

器（一种特殊的电子开关）。在 Y 方向地址译码器的控制下，在一个时刻只接通一行光敏器件上的模拟开关，这一行上各列的光敏器件产生的电信号均通过各自的列线被输送到模拟多路开关，再由 X 方向地址译码器决定向外部电路输送其中哪一列电信号。在这个过程中，因为行和列的模拟开关状态决定了在当前时刻，在光敏器件阵列中输出哪一个像素点的信号，所以输入到行地址译码器和列地址译码器上的信号可以决定当前被读取的像素点位置。由此实现对一幅图像中各像素点的列方向扫描和逐行扫描。CMOS 传感器的工作原理如图 4-31 所示。

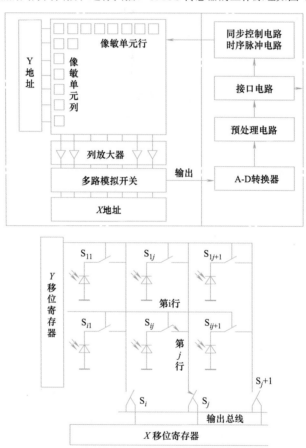

图 4-31　CMOS 传感器的工作原理图

　　当前像素输出的电信号是一路连续变化的模拟量信号。需要用模 - 数（A-D）转换器将其转换成由 8 个位（Bit）组成的、只含 0 和 1 的数字信号。该数字信号经预处理电路变换后通过接口电路输出到外部电路。图 4-32 为一种摄像芯片的输出信号图。系统时钟信号（PCLK）是由高电平信号和低电平信号交替组成的脉冲信号，在每一行数据读取完毕之后，CMOS 传感器会输出一个行同步信号（HREF）。在每一幅图像数据读取完以后，CMOS 传感器会输出一个帧同步信号（VSYNC）。外部电路根据系统时钟，可以完整地读取一个像素的信号，根据行同步信号，可以在一幅图像中准确地读入下一行像素的数据。根据帧同步信号，可以在视频流中判断图像与图像的交界位置，读入下一幅图像的数据。

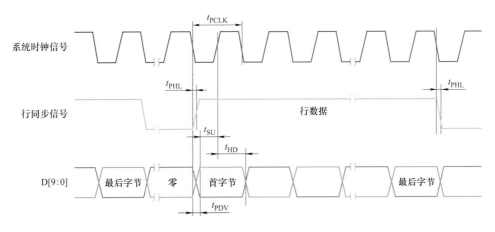

图 4-32　OV9653 摄像芯片的输出信号

4.4 机器人的肌肉——驱动器

　　机械臂由连接构件、关节和驱动器三部分组成，它是机器人中最主要的机械部件。目前大部分机械臂产生运动的动力来自驱动部件中的电动机。如图 4-33 所示。在工业机器人中，驱动器还包括关节轴的转动位置检测装置和制动器。驱动器的重要性在于它们决定了机械臂的承载能力和运动精度，从而决定了机器人的工作性能。驱动器使机器人有了"力气"。在驱动器中使用的驱动电动机有直流电动机、步进电动机、舵机和交流伺服电动机。电动机的基本运动参数是转动方向，转动角度和转动速度。因为构造和工作原理的不同，种类不同的驱动电动机应采用不同的控制形式。

图 4-33　工业机器人中的驱动电动机

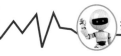

对于直流电动机,需要控制外加电源的极性和电压值,电源极性决定了直流电动机的转向,在空载条件下,外加电压值决定了直流电动机的转速,只要接通电源,直流电动机就一直处于连续运转状态。

对于步进电动机,需要控制电动机中各组定子线圈的通断电状态或电流方向。要根据定子产生的电磁场与转子永磁体磁场的相互作用规律,决定步进电动机的工作节拍。步进电动机只有在工作节拍改变时才发生转动。当工作节拍不变时,步进电动机处于被锁定状态,不会发生转动。这是步进电动机与其他电动机的主要区别。

对于舵机,需要控制输入电动机的脉宽调制信号中的高电平持续时间,用这个脉宽参数决定舵机输出盘的角度位置。当脉宽参数固定不变时,舵机被锁定在与脉宽参数对应的角度位置上,即使受到外界扰动,舵机最终还会回归到这个角度位置。

对于交流伺服电动机,可以分别采用三种不同的控制模式:速度控制方式(通过外部输入脉冲的频率来控制转速,用脉冲的个数来控制转动角度);转矩控制方式(用一个连续变化的电压参数控制电动机输出的转矩);位置控制方式(用脉冲信号数控制电动机转动的角度)。交流伺服电动机驱动力矩大,控制精度高,矩频特性好,具有过载能力,是工业机器人中最为常用的驱动电动机。

4.4.1 直流电动机

直流电动机将输入的电能转换成电动机轴连续旋转的机械能,如图 4-34 所示是最常见的一种驱动电动机。直流电动机的组成部分是壳体、轴承、电动机轴、定子、转子磁极、电枢线圈、集电环和电刷。集电环和电刷组成换向器。转子和换向器均固定在电动机轴上,受机座和轴承支撑。定子是永磁体,产生恒定不变的定子磁场。当直流电动机通电后,电流从一个电刷流入,经过与其接触的集电环进入转子磁极上的电枢线圈,然后从另一个集电环和电刷流出。电枢线圈中的电流会产生电磁场。该磁场与定子磁场相互作用产生电磁力,使电动机的转子连同换向器和电动机轴发生转动。换向器的作用是当转子旋转到一定位置时,改变电刷与集电环的接触形式,切换电枢线圈中的电流方向,从而使转子受到的力矩方向保持不变。

图 4-34 直流电动机

直流电动机的转动方向由外加电压的极性决定。直流电动机的转动速度受到工作电压与载荷两方面的影响，而且与直流电动机的工作载荷有关。图4-35b用曲线描述了直流电动机的这种工作特性。当工作载荷 M 很小时，转速会很高，直流电动机工作电流 I 很小。直流电动机处于空转状态。当外加的工作载荷 M 逐渐变大时，直流电动机工作电流 I 会相应增大，直流电动机的转速会逐渐降低。直至电动机处于制动状态。

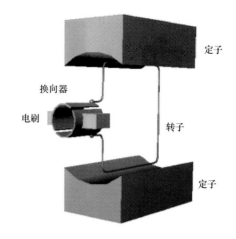

a) 直流电动机换向原理

4.4.2 步进电动机

步进电动机输出轴的转动位置与电动机线圈通电状态有对应关系。当电动机中所有线圈的通电方向保持不变时，电动机轴被锁定在固定的角度位置。只有在各线圈的通电方向按照工作节拍发生有序变化时，电动机轴才会一步一步地旋转。图 4-36 展示了步进电动机的各个组成部分：壳体、轴承、电动机轴、转子、定子磁极、定子线圈。在永磁体转子表面分布着固定不变的磁极。定子磁极的极性会随着流经线圈的电流方向改变而变化。定子磁极与转子磁极在同性相斥时产生推力，在异性相吸时产生拉力。在转子电磁场与定子永磁场的周期性作用下，步进电动机的输出轴产生断断续续的旋转运动。

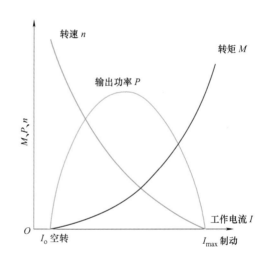

b) 直流电动机工作特性

图 4-35　直流电动机工作特性与换向原理

步进电动机的转动角度受工作节拍的控制。在从上一节拍状态进入下一节拍状态的过程中，步进电动机输出轴会转过一个规定的角度值（步距角）。将混合式两相步进电动机的 A 相线圈的正向导电状态记作 A+，断电状态为 A0，反向导电状态为 A−，与此相类似，B 相线圈也有三种状态（B+，B0，B−）。步进电动机正转的两相八拍信号变化规律为 A+B+、A+B0、A+B−、A0B−、A−B−、A−B0、A−B+、A0B+。步进电动机反转的两相八拍信号为 A+B+、A0B+、A−B+、A−B0、A−B−、A0B−、A+B−、A+B0。环形节拍分配信号可以用单片机程序产生，单片机端口引脚输出的电流要用电路放大后再驱动步进电动机。环形节拍分配信号也可以用步进驱动器产生，如图 4-37b 所示。步进电动机驱动器内有放大电路，可以直接驱动步进电动机。在这种情况下，单片机只

需要向步进驱动器发出方向控制信号和驱动脉冲信号。

图 4-36　步进电动机的内部构造

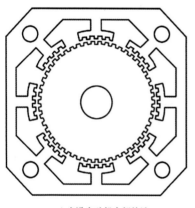

a) 步进电动机内部构造

b) 步进驱动器

图 4-37　步进电动机内部构造与步进驱动器

4.4.3　舵机

　　舵机是一种伺服电动机，具有输出转矩大和反应灵敏的优点。它适用于位置控制，不能用于连续旋转的应用场合。图 4-38 展示了舵机的各个组成部分：壳体、输出盘、齿轮减速器、空心杯直流电动机、电位器、控制电路。只要输入特定形式的控制信号，就能使舵机输出盘转动到指定位置。舵机需要的控制信号为高、低电平周期变化的脉冲信号，脉冲信号的周期固定为 20ms（毫秒），用脉冲信号中高电平持续的时间值来控制舵机输出盘的转动位置。这种特定形式的脉冲信号被称为脉宽调制（PWM）信号。在大多数情况下，舵机输出盘的位置由单片机控制，单片机程序代码通过控制其端口引脚电平产生控制信号。

图 4-38　舵机的外形与内部结构

从外部电路输入到舵机的脉宽调制信号指定了舵机输出盘的目标位置。舵机内部与舵机输出盘同轴的电位器可以检测到舵机输出盘的实际位置。舵机的控制电路接收来自控制器的目标位置信号与电位器检测到的实际位置信号，经过比较计算后得出当前时刻的位置误差值，该误差值包括两部分：实际位置偏离目标位置的角度，实际位置偏离目标位置的方向。根据位置偏差的角度和方向，控制电路驱动舵机中的空心杯直流电动机朝减少误差的方向转动。这种检测 - 判断 - 调整的过程会反复循环进行，一直到位置误差值小于规定值为止。舵机的位置控制精确程度受到电位器检测精度限制。图 4-39a 为舵机控制信号，图 4-39b 为两台用舵机驱动的多关节仿人机器人。

脉冲信号周期

高电平持续时间

a）舵机控制信号　　　　　　　　　　　　　　　　b）多关节仿人机器人

图 4-39　舵机控制信号和用舵机作为驱动器的机器人

4.4.4　交流伺服电动机

交流伺服电动机是可以精确地控制其运动状态的伺服电动机。在自动控制系统中，伺服电动机是一种执行元件，其作用是把输入的控制信号转换成电动机轴的角位移。交流伺服电动机中的转子是永磁铁，在其定子上绕有激磁绕组和控制绕组。因为相位不同，通入各励磁

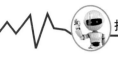

绕组与控制绕组的电流会产生一个旋转磁场。在转子磁场与定子磁场的相互作用下使电动机轴转动。旋转磁场的转向决定了电动机轴转动的旋转方向。交流伺服电动机内部装有光电编码器，如图 4-40b 所示，光电编码器内部有发射光的器件、旋转光栅和接收光的器件。光电编码器将交流伺服电动机轴实际旋转的角度转换成电脉冲信号。

a) 电动机　　　　　b) 控制器　　　　　　　　　　　c) 光电编码器

图 4-40　交流伺服驱动电动机

　　交流伺服电动机需要与专用的控制器配套使用，如图 4-40b 所示。控制器靠内部的晶体管或晶闸管组成的开关电路，根据位于电动机内部的光电编码器输出信号判断转子当时位置，从而决定输送到电动机各线圈绕组电流的相位状态。在运转过程中，交流伺服电动机的驱动器根据光电编码器测得的反馈值与主控计算机给出的目标值进行比较，实时调整交流伺服电动机转子转动的角度，如图 4-41 所示。与开环控制的步进电动机相比较，交流伺服电动机有位置控制精度高，输出转矩恒定，没有低频振动现象，具有较强的过载能力，不出现丢步或过冲现象，速度响应快等突出优点。交流伺服电动机有三种控制方式：速度控制方式，转矩控制方式和位置控制方式。

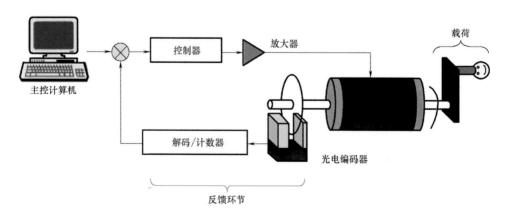

图 4-41　具有反馈的闭环控制系统

4.5 机器人的神经与大脑——控制系统

如果仅仅有感官和肌肉，人的四肢还是不能动作。一方面是因为来自感官的信号没有器官去接收和处理，另一方面也是因为没有器官发出神经信号，驱使肌肉发生收缩或舒张。同样，如果机器人只有传感器和驱动器，机械臂也不能正常工作。原因是传感器输出的信号没有起作用，驱动电动机也得不到驱动电压和电流。所以机器人需要有一个控制器，用硬件（Hardware）和软件（Software）组成一个的控制系统，如图 4-42 所示。

机器人控制系统的功能是接收来自传感器的检测信号，根据操作任务的要求，驱动机械臂中的各台电动机就像我们人的活动需要依赖自身的感官一样，机器人的运动控制离不开传感器。机器人需要用传感器来检测各种状态。机器人的内部传感器信号被用来反映机械臂关节的实际运动状态，机器人的外部传感器信号被用来检测工作环境的变化。

图 4-42　机器人控制系统框图

机器人控制系统的基本功能：

1）控制机械臂末端执行器的运动位置（即控制末端执行器经过的点和移动路径）；

2）控制机械臂的运动姿态（即控制相邻两个活动构件的相对位置）；

3）控制运动速度（即控制末端执行器运动位置随时间变化的规律）；

4）控制运动加速度（即控制末端执行器在运动过程中的速度变化）；

5）控制机械臂中各动力关节的输出转矩（即控制对操作对象施加的作用力）；

6）具备操作方便的人机交互功能，除了可以直接输入指令代码以外，操作人员还可以采用现场示教的方式输入操作要求，机器人通过记忆和再现来完成规定任务；

7）使机器人对外部环境有检测和感觉功能。工业机器人配备视觉、力觉、触觉等传感器进行测量、识别，判断作业条件的变化。

第一代工业机器人可以采用输入计算机程序的形式对机器人的运动进行控制。也可以采用"示教"型控制。操作者将完成某项作业所需要的运动轨迹、作业条件、作业顺序和作业时间等运动参数，通过按动示教盒上的按钮，对工业机器人进行"示教"（一种现场操纵和调整）。机器人会记忆这些运动参数，在需要的时候，"再现"各种被示教的动作。第一代工业机器人的设计者如图 4-43 所示。

第二代工业机器人具有触觉、力觉、视觉等传感检测功能。例如通过触觉传感器和力觉传感器获取机械手爪与对象物之间的接触情况，通过视觉传感器获取对象物的相对位置变动。通过判断来自外部传感器的环境信息，机器人可以对原有的运动控制模式做出某种调整，完成更加复杂的操作任务，如图 4-44 所示。

第三代工业机器人不再是简单地执行操作者发布的指令，它们本身就有一定的判断决策及行动规划能力，能够对工作环境的种种变化做出反应，能够"像人一样思考"，以一种"认

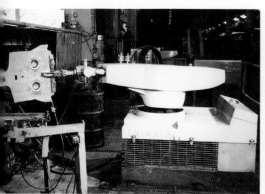

图 4-43　第一代工业机器人（UNIMATE）和它的设计开发者

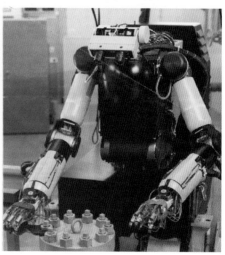

图 4-44　带有传感器的第二代机器人

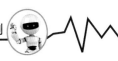

知—适应"的方式自主地进行工作。第三代机器人的开发与人工智能有密切联系。人工智能涉及计算机科学信息论、控制论、自动化、仿生学、生物学、心理学、数理逻辑、语言学等多门学科。研究的核心问题包括知识的表示、获取和处理、自动推理和搜索方法、机器学习、自然语言理解、计算机视觉、智能机器人、自动程序设计等多个方面。

4.5.1 机器人的构造与坐标系

工业机器人按构造类型可以分为：直角坐标型（含有三个作直线运动的移动关节），圆柱坐标型（含有一个转动关节和两个移动关节），球坐标型（含有两个转动关节和一个移动关节），平面关节型（采用两个在水平面内旋转的关节和一个实现上下运动的移动关节）。为了描述机器人末端执行器相对于地面的运动位置，需要采用固定不动的世界坐标系。为了描述机械臂中邻接部件的位置，要采用相对坐标系（以相邻部件为参考系的坐标系）。在图 4-45 中，主臂 BC 的位置用相对于立柱 AB 的角度 Ang2 来描述，前臂 CD 的位置用相对于主臂 BC 的角度 Ang3 来描述。机械臂所在平面的位置用环绕角 Ang1 来描述。

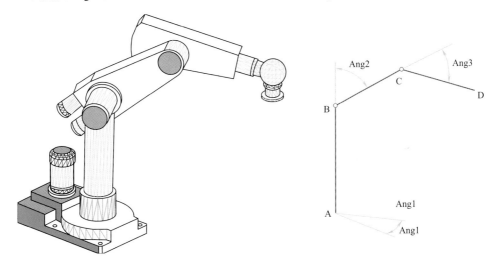

图 4-45 机器臂运动位置描述

4.5.2 机械臂的运动位置计算

从运动学角度分析，机械臂运动位置计算有两种方式：第一种是运动学正解（Kinematic Normal Solution），即给定固定铰接点 P 的位置、给出主臂杆长 PQ、主臂构件与机架的位置角（AngP）、前臂杆长 QT、前臂构件相对于主臂的位置角（AngQ），要求计算末端执行器中心 T 的位置，如图 4-46a 所示。第二种是运动学逆解（Kinematic Inverse Solution），即给定固定铰接点 P 点位置，给定主臂杆长 PQ 和前臂杆长 QT，同时也给定末端执行器中心 T 点的位置，在这种情况下要求计算出机械臂中肘关节 Q 的两个可能的运动位置，如图 4-46b 所示。

4.5.3 控制机器人的计算机

计算机（Computer）是一种可以进行数值和逻辑计算，具备存储记忆功能，能够按照程序运行，自动高速处理大量数据的电子计算机器。计算机的硬件由 5 个相对独立部分组成：

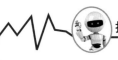

中央处理单元（CPU）、输入设备（Input Device）、记忆储存器（Memory Storage Device）、输出设备（Output Device）、通信总线（Bus）。通用计算机（见图4-47）具有很强的数据计算和图形显示功能，适用于人机交互和机器人运动规划计算。

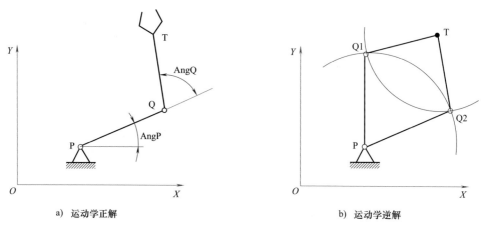

a）运动学正解   b）运动学逆解

图 4-46 机器人运动学正解与运动学逆解

图 4-47 台式计算机与笔记本电脑

为了能在条件恶劣的环境中工作，机器人的控制还可以采用防尘、防潮、防腐蚀的工业控制计算机，如图4-48a所示。工业控制计算机（简称工控机）是专门为工业控制设计的计算机，增加了一部分输入/输出通道，用于对机器设备、生产流程、数据参数等进行监测与控制。工控机的主要类别有：IPC（PC总线工业电脑）、PLC（可编程序控制器）、DCS（分散型控制系统）、FCS（现场总线系统）及CNC（数控系统）。可编程序控制器（Programmable Logic Controller）被简称为PLC，如图4-48b所示。其内部有可输入程序的存储器，能够执行逻辑运算、顺序控制、定时、计数与算术操作等面向用户的指令，并通过数字或模拟式输入/输出控制各种类型的机械或生产过程。PLC的工作过程分为输入采样、执行用户程序和输出刷新三个阶段。PLC使用简单、调整方便、工作可靠。在工业生产中，它被广泛用于自动控制设备中。

除了通用计算机以外，机器人还可以采用嵌入式系统（Embedded Systems）进行控制。嵌入式系统是体积小成本低的专用计算机系统。与通用计算机完全不同，嵌入式系统只面向

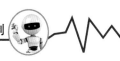

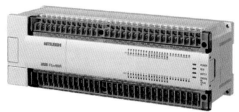

a) 工业控制计算机　　　　　　　　　　b) PLC(可编程序控制器)

图 4-48　工业控制计算机与可编程序控制器

特定的应用。它的硬件和软件可根据需要进行增减。嵌入式系统把其中一些原来用板卡完成的任务集成到芯片内部，与通用计算机相比，它的集成度高得多，体积小得多，成本也低得多，能够适应对可靠性和功耗的苛刻要求。嵌入式系统的核心部件是嵌入式处理器，嵌入式处理器分为三种：

1）微控制器（Micro Controller Unit）——通称为单片机（MCU）；

2）嵌入式数字信号处理器（Digital Signal Processor）——简称为 DSP；

3）嵌入式片上系统（ System on Chip）——简称为 SOC。

图 4-49　单片机芯片与单片机开发板

为了方便地做单片机程序实验，目前有许多种的单片机开发板，如图图 4-49、4-50 所示。除了有单片机芯片以外，在单片机开发板上还有按钮开关、发光二极管、数码显示管、蜂鸣器、继电器等外围电子元器件。这些元器件都连接到单片机端口的引脚上。当单片机通电后，单片机内部运行的程序会检测开发板上各个按钮开关的状态，按照预先设定的规律，控制各端口的引脚上的电平都会发生相应变化，用外围电子元器件的发光、发声和显示数字等直观形式反映单片机内部程序的运行过程。单片机还可以检测外部输入的模拟量信号（连续变化的信号），用单片机本身具备的模 - 数转换功能获得数字信号（用 0 和 1 表示的信号）。

4.5.4　计算机的输入、输出接口

当计算机被用于控制时，它与执行部件之间的联系，与检测部件之间的联系都是通过输入、输出接口来实现的。这种联系可以通过有线方式（即通过电缆传输数据）实现，也可以

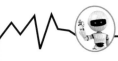

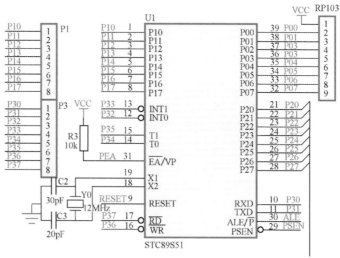

图 4-50　51 单片机开发板

通过无线方式（即通过红外线、微波、无线电波、光波等进行数据传输）实现。计算机的输入、输出接口分为三种：并行端口、串行端口和 USB 接口。

　　并行通信（Parallel Communication）以字节为单位传输数据。在一个字节（Byte）中含有 8 个数位（Bit）。并行端口（简称并口）中有 8 条数据线，5 条状态线和 4 条控制线，如图 4-51a 所示。并行通信能够在一个时刻内同时输送 8 个数位的数据，具有通信速度快的突出优点。并行端口的类型分为标准并行接口（SPP），增强型并行接口（EPP）和扩展型并行端口（ECP）。可以用计算机高级语言编写应用程序，用人机交互形式输入控制指令，通过调用操作系统中的底层函数，经由并行端口中的数据线和控制线向外界电路传输以字节（Byte）为单位的二进制数据，也可以通过并口的状态线接收外界电路发出的传感信号。

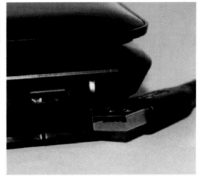

a) 并行通信　　　　　　　　　　b) 通用串行总线

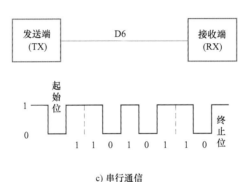

c) 串行通信

图 4-51　计算机的三种接口

　　USB（Universal Serial Bus）是一种通用串行总线，如图 4-51b 所示。使用 4 针标准插头（内含电源线、地线、两根差分信号线），通过扩展最多可以连接 127 个外部设备。具有传输速度快，支持热插拔和独立供电等优点。在 USB 通信系统中，个人计算机被称为 USB 主机（Host），另一端被称为 USB 设备（Device）。USB 主机负责总线的帧编组，设备枚举和设备编址。USB 设备对 USB 主机在总线上的行为做出回应（读取或写出数据，处理或生成回应）。在 USB 协议中，规定在信号层上传送的若干连续位流构成一个包（Packet），一组相关的包构成了个事务（Transaction），一组相关的事务构成一个传输（Transfer），端点（Endpoint）是进行事务处理的实体，接口（Interface）是进行传输处理的实体。

　　串行通信（Serial Communication）以数位（Bit）为单位传输数据，它的传输速度比并行通信低，但因为接线简单、占用的芯片引脚少、适合于远距离传输而得到了广泛的应用。在串口通信中需要用硬件进行数据转换：在发送端通过"发送移位寄存器"将原始数据转换成以位（Bit）为单位的串行数据，串行通信用一位接一位的形式进行数据传输，如图 4-51c 所示，在接收端通过"接收移位寄存器"将串行数据再还原成原始数据。串行通信接口电路一般由可编程的串行接口芯片、波特率发生器、EIA 与 TTL 电平转换器以及地址译码电路组成。串行通信最重要的参数是波特率、数据位、停止位和奇偶校验。

4.5.5 计算机编程语言

在计算机中运行的程序要依照特定的语法规则编写。计算机能够识别的只能是以二进制数表示的机器语言。机器语言的表现形式是二进制数字或十六进制数字，如图4-52b所示，很难识别和记忆，于是产生了计算机汇编语言，如图4-52a所示。汇编语言采用类似英文单词缩写的助记符号，因此掌握难度和调试工作量大为降低。汇编语言的优点是生成的可执行文件小，执行速度快，能够实现一些面向计算机底层硬件的特殊操作。一条汇编语言对应一条机器语言。与高级语言相比，用汇编语言写出的源程序一般还是比较冗长、复杂。

为了进一步简化源代码和表示复杂的程序结构，出现了计算机高级语言，如图4-53所示。这种与英语很接近的计算机语言将多条相关的机器指令语句合成为一条指令，并且屏蔽了一些具体的操作细节，因而大大简化了程序中的指令。用计算机高级语言撰写的源代码不

```
Begin                  DLYTM1
  BANKSEL PORTC          BANKSEL DLY_P
  MOVLW 0xFF             MOVLW 0xBA          :020000040000FA
  MOVWF PORTC           MOVWF DLY_P          :1000000083160313870183120313870183120313DB
  CALL DLYTM1           CALL Delay           :10001000FF3087001120831203130030870017206D
                        RETURN               :10002000628831600313BA30F1001D20080083163A
  BANKSEL PORTC                              :1000300003132A30F1001D200800F10B2028080DCE
  MOVLW 0x00           Delay                 :0A004000FF30F200F20B22281D2809
  MOVWF PORTC           DECFSZ DLY_P,1       :00000001FF
  CALL DLYTM1           GOTO Delay
                        RETURN
  GOTO Begin            END

      a) 计算机汇编语言                                     b) 机器语言
```

图 4-52　PIC 单片机中的汇编语言与机器语言

```
Call Mech_Calculation(Xa, Ya, AB, BC, angXAB, angABC, Xb, Yb, Xc, Yc)          '计算机构运动位置

frm_Robot.Cls                                                                  '清除窗体中的所有图线

'绘制机械臂机构图形
Call Mechanism_Draw(Xa, Ya, Xb, Yb, Xc, Yc, _
                    Pivet_Radius, RGB(0, 0, 0), _
                    XPan_Value, YPan_Value, Scale_Value, Xaxis_Vlocation)

Call Draw_Coord(Xaxis_Vlocation, RGB(180, 180, 180))                           '绘制 X，Y 坐标轴


'计算机械臂机构中活动铰接点B和C的运动位置
Private Sub Mech_Calculation(ByVal X_a As Single, ByVal Y_a As Single, _
                             ByVal AB As Single, ByVal BC As Single, _
                             ByVal ang_XAB As Double, ByVal ang_ABC As Double, _
                             ByRef X_b As Single, ByRef Y_b As Single, _
                             ByRef X_c As Single, ByRef Y_c As Single)

    Dim PI As Double

    PI = 3.1415926

    X_b = X_a + AB * Cos(ang_XAB * PI / 180)
    Y_b = Y_a + AB * Sin(ang_XAB * PI / 180)

    X_c = X_b + BC * Cos((ang_XAB + ang_ABC) * PI / 180)
    Y_c = Y_b + BC * Sin((ang_XAB + ang_ABC) * PI / 180)

End Sub
```

图 4-53　计算机高级语言 Visual Basic

能直接被计算机识别，必须经过编译（Compile）环节才能被执行。编译的结果是生成由机器指令组成的目标文件。一般还需要进行连接（Link）：将对应源代码的目标文件和对应系统函数的库文件组合成一个可执行文件。

　　计算机程序除了可以用字符形式表达以外，还可以进入图形化编程环境，用各类图标和连线表示程序的构造和流程，如图 4-54 所示。每一个图标代表一个功能模块，模块与模块之间用实线连接，表示相互之间的联系。当编程者向界面拖入一个图标时，实质上是引入一个控制对象。当用鼠标右击该图标时，会出现属性设置界面。在这个界面中，可以设置该对象的控制特性（例如电动机的转动方向和电动机转动的速度）。图形化编程实际上是在一个给定框架中填充内容，它用拖拽图标的方式代替编写代码，出现错误的可能性大为减少。图形化编程的最大优点是用直观自然的形式表达整个程序系统，因而容易被理解和调试，大幅度缩短程序开发从构思到实现的时间，是初学者进入计算机编程领域的理想途径。

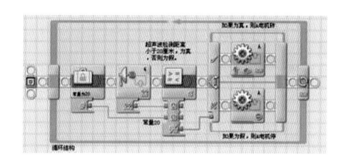

图 4-54　使用图形化编程的乐高机器人

4.5.6　机器人语言

　　机器人语言（Robot Language）是专门用来控制机器人动作的特殊语言。它是通过符号来描述机器人动作的方法。通过使用机器人语言，操作者对动作进行描述，进而完成各种操作意图。操控者通过使用机器人语言描述机器人的动作，进而完成各种操作意图。机器人语言可分为执行级语言（用命令来描述机器人的动作）、协调级语言（着眼于机器人操作对象的状态变化）和决策级语言（只给出机器人的工作目的，自动生成可实现的程序）。图 4-55b 是用 VAL（Variable Assembly Language）机器人语言编写的一段程序。

4.5.7　机器人的控制形式

　　为了完成特定的操作任务，必须要对机器人中各个关节轴的运动加以控制。因为机器人结构形式很多，需要完成的操作任务差异很大，所以机器人的控制需要有多种不同的形式。根据控制器的布置方式可分为集中控制方式、主从控制方式和分布式控制方式。

　　集中控制方式仅仅使用一台计算机（通用计算机或专用计算机）实现机器人的全部控制功能。它的优点是简单和成本低，它的缺点是构架固定难以扩展。

　　主从控制方式在控制系统中采用两级处理器（主处理器和从处理器），分别完成不同的任

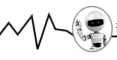

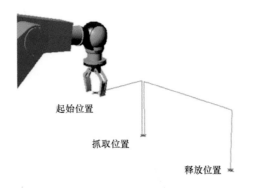

起始位置

抓取位置

释放位置

a) 机器人操作

```
SET PICK = TRANS(-400 , 400 , 250 , -90 , 90 , 0)
SET PLACE = TRANS(-50 , 600 , 250 , -90 , 90 , 0)
OPEN                              /* 下一步手张开 */
APPRO  PICK  ,  50                /* 运动至距PICK位置50mm处 */
SPEED  30                         /* 下一步将至30%满速 */
MOVE   PICK                       /* 运动至PICK位置 */
CLOSEI                            /* 闭合手 */
DEPAT 70                          /* 沿矢量方向后退70cm */
APPROS  PLACE  ,  75              /* 沿直线运动至PLACE位置75mm处 */
MOVES   PLACE                     /* 沿直线运动至PLACE位置上 */
```

b) 程序

图 4-55 机器人编程语言

务。工业机器人采用的就是这种计算机分级控制。在控制系统中有两种计算机，分别担任不同的控制任务。上位计算机负责操作者与机器人之间的信息交互，机器人通过上位计算机得到操作人员的控制要求，坐标变换、显示计算结果，运动轨迹生成、模拟机器人的动作。操作人员通过上位计算机获知机器人的运行情况。上位计算机根据控制要求计算机械臂的运动参数，得出机械臂各构件的运动位置和运动速度。这种计算过程被称为运动规划（Motion Planning）。当运动规划完成之后，上位计算机向下位计算机发出运动指令。在运动指令中包括机械臂中各台驱动电动机的转向、转角和转速参数。下位计算机接收到运动指令后，按照事先规定的数据通信协议将运动指令转换成电动机驱动信号。这种比较微弱的驱动信号还要经过放大器（Amplifier）才能驱动大功率的驱动电动机。

分布式控制方式将控制系统分成几个相对独立的模块。每一个模块各有不同的控制操作任务和控制策略和算法。模块与模块之间可以是主从关系，也可以是双向对等关系。分布式控制方案的优点是使用灵活、扩展容易和维修方便。

对于一个控制系统而言，有输入到该系统的信号，也有从该系统输出的信号。根据这输入信号与输出信号之间的关系，机器人运动控制系统可以分为开环（Open-Loop）控制和闭环

（Close-Loop）控制两种不同的形式。在开环控制形式中，系统输入信号与系统的输出信号没有关联，不监测输出结果，不判断控制是否达到了预期目标，因此没有可能补偿各种干扰因素的影响。开环控制的精度是很有限的。

在闭环控制形式中增加了一个调节器或补偿器。外界信号和另一个从输出端返回的信号都输入到这个调节器或补偿器，通过一定的算法（Algorithm）产生新的、实时反映当前控制效果的输入信号。为了提高机器人运动控制的精度，自动适应外界不可预知的各种变化，需要采用由控制器、驱动器和传感器组成的闭环控制系统。在这种具有实时反馈（Feedback）的控制系统中，控制器不是简单地按照操作要求计算机械臂的运动参数，而是要接收传感器发出的位置信号和速度信号，计算实际位置和理想位置之间的误差，按照特定规则进行补偿纠正。闭环控制的精度高于开环控制。

第5章

活泼有趣的玩具机器人

5.1 玩具机器人的基本要求和主要特点

　　玩具机器人是具有科技含量的益智型玩具，通过接触玩具机器人，可以让儿童从小了解科学，启发他们探索科学知识的好奇心，在人机互动的过程中体验工程技术的奥秘。玩具机器人品种繁多，有机器虫、机械蜘蛛、机械鱼、机器宠物、一直到比较复杂的仿人型机器人，如图 5-1 所示。玩具机器人造型逼真且动作生动。无论是儿童还是成年人都对它们喜爱有加，因为玩具机器人既可以启迪智力，又能够给我们的生活带来休闲情趣。玩具机器人实质上是表现某些生物特点的仿生机器，它们具有人类或者动物的外表，但在内部是机械构造或者是机电一体化装置，通过机械传动或者计算机程序控制完成特定的动作。

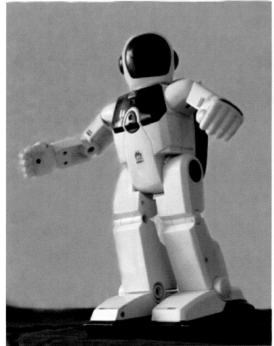

图 5-1　仿人型机器人与爬行机器人

　　按照功能，玩具机器人可以分为几个相对独立的部分。玩具机器人的机械部分又可以分为机架、驱动器、传动零件和执行部件。玩具机器人内部的运动传递和力传递可以通过齿轮、连杆、凸轮和其他一些传动零件。玩具机器人的动力来自直流电动机或者是简单的手动发条。玩具机器人的控制形式分为通过手动开关的简单控制、控制器与机器人之间连有线缆的有线操控、通过无线电信号实现的远距离遥控、固定不变的计算机程序控制、可以现场编程的计算机程序控制。设计玩具机器人既需要工程知识和直觉经验，也需要丰富地想象力和创新能力，对从事玩具研究开发的工程技术人员来说，是不小的考验和挑战。

5.1.1　玩具机器人的基本要求

玩具机器人由于活泼有趣，富有活力，深受广大儿童和少年的喜爱，对于开发儿童和少年的智力发挥了重要作用。玩具机器人同时也引起老年人的关注和喜爱，使其享受到老有所乐的晚年生活。

玩具机器人实际是一种仿人机器，仿四足动物的机器，仿鱼游机器，仿蚯蚓机器……类别五花八门。这类玩具激发人的想象空间，是一项具有很强挑战性的创新活动。

总之，玩具机器人一定要满足简单、有趣、好玩的要求，是我们青少年创新活动关注的重点。

5.1.2　玩具机器人的主要特点

玩具机器人归属于玩具，它应该具备如下一些特点：

1）动作新颖有趣，激发少年儿童的好奇性；

2）造型奇特优美，色彩鲜艳夺目，对青少年具有强烈的吸引力；

3）结构简单，造价低廉，具有广泛的销售市场；

4）取材安全可靠，具有绿色产品的特性；

5）使用方便，装拆容易。

总之，玩具机器人对激发少年儿童的想象力，培养他们的智力，具有无限广阔的空间。研究和开发玩具机器人将是我们的责任，也是青少年朋友的兴趣所在。

5.2　玩具机器人的主要类型和基本状况

玩具机器人是玩具中的一个大家族，按玩具机器人的驱动和控制方式，大致可分为三类：

1）发条驱动和结构传动控制的发条型玩具机器人；

2）电动机驱动和机构传动控制的电动型玩具机器人；

3）伺服电动机（或步进电动机）驱动和电脑控制的机电一体化型玩具机器人。

5.2.1　发条型玩具机器人

发条型玩具机器人具有依靠发条（弹簧）存储和释放能量。由于弹性变形能量比较有限，它只能在较短时间内实现相对简单的动作。但这种玩具机器人机构较简单、尺寸较紧凑。因此，造价较低，易于推广。

5.2.2　电动型玩具机器人

电动型玩具机器人是利用电池的电能驱动玩具电动机，利用机构传动获得较复杂的动作。这类玩具机器人由于价格适中性能较好，因而得到了较为广泛的应用。

5.2.3　机电一体化型玩具机器人

机电一体化型玩具机器人是利用电池的直流电源驱动伺服电动机，利用可变的机构传动获得较复杂多变的动作，得到具有一定的智能化的玩具机器人。这类玩具机器人由于采

用简单的电脑实行可控动作，因此结构比较复杂，操作没有上述两类玩具机器人那么简单，造价也较贵。因此，此类玩具机器人可作为较为高档的玩具，也会收到一定范围的用户的欢迎。

5.3 发条型玩具机器人的设计与应用

5.3.1 发条传动箱

发条传动箱是发条玩具的心脏，是玩具机器人提供能量实现动作的关键。发条传动箱由发条、减速片、齿轮、轴、壳体等组成。由于发条释放能量时间有限，一般发条玩具机器人的动作时间较短，玩具动作相对简单。发条玩具机器人的动作是靠发条轴的传动来驱动的，为了延长发条能力的释放时间，设计的发条轴的传动速度较慢，发条轴到输出轴采用加速传动。图 5-2 所示为一种比较典型的发条传动箱形式。

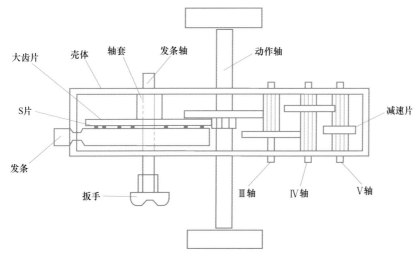

图 5-2　S 片上弦发条传动箱

图 5-2 的结构为五轴牙箱，发条轴为方轴，扳手套在方轴上，发条通过壳体装在方轴上，方轴上还装有 S 片，它与大齿片贴合在一起，大齿片空套在方轴上，它并不随轴转动，而 S 片只在大齿片侧面滑动，后面所有齿轮及轴都不发生运动。当发条旋紧后，扳手松开发条就释放能量，使发条轴逆时针转动，可把运动传递给后面的传动系统。

同时，我们可以看出，从发条轴到 V 轴是一个加速过程，为了得到较大的输出扭矩，大多数玩具将第二级轴（即 IV 轴）作为重要动作的输出轴，第一级输出轴（即 III 轴）作为辅助动作的输出轴。V 轴上安装了减速片以减缓发条释放的速度。

图 5-3 表示四轴式发条牙箱，其中 II 轴为动作轴，III 轴为快速转动，IV 轴上安装减速锤。

图 5-4 所示为无 S 片上弦发条牙箱，它可带动两个动作：一是由 III 轴带动水平方向轴的转动（如车轮前进）；二是由 IV 轴带动垂直方向轴的转动。

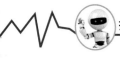

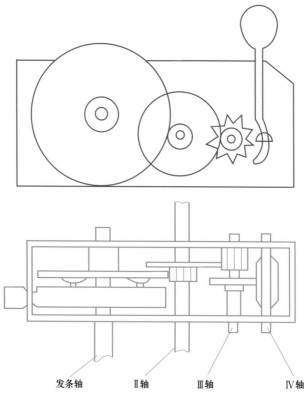

发条轴　　　　Ⅱ轴　　　　Ⅲ轴　　　　　Ⅳ轴

图 5-3　四轴式发条牙箱

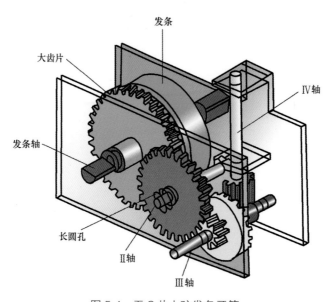

发条

大齿片

Ⅳ轴

发条轴

长圆孔

Ⅱ轴

Ⅲ轴

图 5-4　无 S 片上弦发条牙箱

5.3.2　发条玩具机器人——猴子翻筋斗机器人

玩具机器人的种类繁多。在发条驱动的机器人里，除了会爬行的玩具机器人以外，还有会腾空翻筋斗的玩具机器人，如图 5-5 所示。它们的动力来源就是安装在内部的发条。当用手旋紧发条时，手的作用力在做功（功等于作用力大小乘以力作用的距离），外力做的功以变形能的形式储存在发条内。把猴子机器人放在桌面上，然后手释放，发条开始松开恢复原始形状，在这个过程中，储存在发条内部的变形能开始释放，释放出的机械能通过传动机构驱使翻筋斗机器人产生运动。

图 5-5　会翻筋斗的玩具机器人

翻筋斗机器人先是慢慢地弯下腰，到达一定角度位置时，在发条能量作用下突然腾空跳起，翻筋斗机器人在空中翻转，然后回落到桌面上。如此周而复始地不断翻筋斗，令人趣味无穷。

其内部结构如图 5-6a 所示，主要部件有发条牙箱、棘轮装置、钩杆等。复位弹簧连接杆与复位弹簧连接孔之间有一个复位弹簧（图中没有画出），钩杆与猴子脚连在一起，钩杆转动会带动猴子脚一起转动。

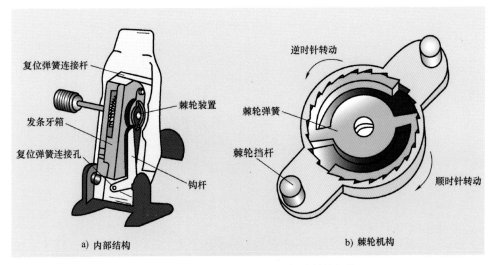

a) 内部结构　　　　　　　　　　　b) 棘轮机构

图 5-6　翻筋斗玩具机器人内部的棘轮机构

腾空翻筋斗机器人的关键部件是位于其内部的棘轮装置。当旋紧发条时，棘轮装置中有一个弹簧被逆时针扭动沿棘轮表面伸长，棘轮静止处于自锁状态。当该弹簧中的能量释放时，弹簧沿顺时针方向收缩，带动棘轮转动。棘轮档杆就会推动钩杆转动，此时，猴子的脚随之

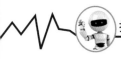

一起转动，使得猴子慢慢地弯下腰，当棘轮档杆将钩杆推到极限位置时，棘轮档杆跃过钩杆又开始下一轮动作，同时钩杆在复位弹簧作用下，在一个瞬时间它回复到原始位置。在这一过程中玩具猴子机器人实现腾空跃起，在空中翻筋斗。

5.4 电动型玩具机器人的设计和应用

5.4.1 电动传动箱

电动传动箱应用十分广泛，其主要功能是把电动机的高速转动进行减速，以得到所需的各输出轴的转动，有利于实现玩具所需的动作。

为了实现玩具的所需动作，除了需要设计出电动传动箱，还需要采用其他传动机构，如凸轮机构，连杆机构，间歇运动机构和组合机构等。

图 5-7 所示为水平输出轴的电动传动牙箱。图 5-8 所示为这种电动传动牙箱的内部结构，它是经过三级减速之后，水平输出轴的转速就相对较慢。

图 5-7　水平输出轴的电动牙箱

图 5-9 所示为一种同时具有水平输出轴和垂直输出轴的电动传动牙箱。图 5-10 为图 5-11 所示电动传动牙箱的内部结构，电动机输出轴经过冠状齿轮减速后，水平和垂直方向都有输出轴。在玩具的传动箱中，为了简化制造，直齿圆柱齿轮和冠状齿轮都采用冲压件。采用冠状齿轮可以较简单地实现两轴间的垂直传动。

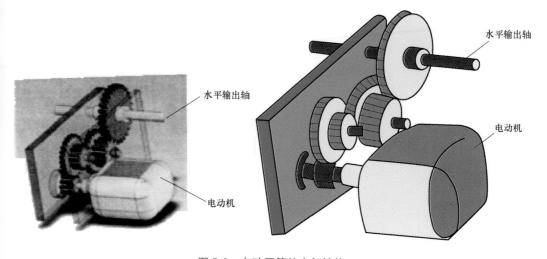

图 5-8　电动牙箱的内部结构

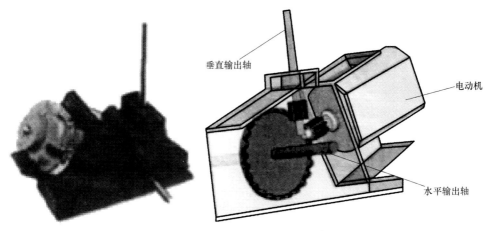

垂直输出轴

电动机

水平输出轴

图 5-9　"水平输出轴 + 垂直输出轴"
　　　　的电动牙箱

图 5-10　电动压箱的内部结构

5.4.2　直流电动机内部结构和齿轮减速器

　　直流电动机（俗称"马达"）是将电能转化为机械能的驱动器，在玩具机器人中得到广泛的应用，它的作用是提供机械运动的动力。直流电动机输出轴的旋转方向可以通过改变电源的极性来调整，旋转的速度可以用电源的电压高低来改变。直流电动机输出的转矩与电源电压高低和载荷大小都有关系。在直流电动机内部，有永磁体组成的定子和绕有线圈的转子，当电源与直流电动机接通后，电流通过电刷进入转子内的线圈。定子产生的永磁场与转子产生的电磁场相互吸引或排斥，再加上整流子的换向作用，使电动机轴发生连续转动。

　　直流电动机的外形和内部构造如图 5-11 所示。

图 5-11　直流电动机的外形和内部构造

　　直流电动机输出的旋转运动转速高转矩低，无法直接驱动玩具机器人的关节运动。在大多数情况下，需要用减速器对直流电动机输出的旋转运动进行减速。因为功率、转矩与转速三者之间存在限定关系（功率等于转矩与转速的乘积），在输入的电功率、能量损耗和载荷情况都处于稳定状态的前提下，在降低转速的同时，必然加大转矩。从而满足玩具机器人关节

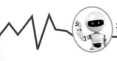

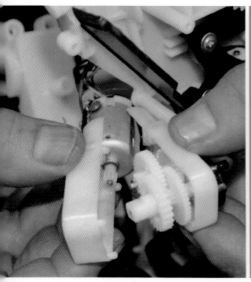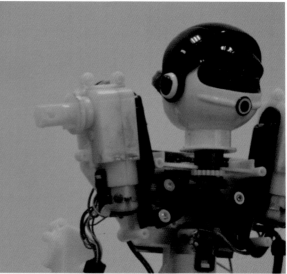

图 5-12　驱动玩具机器人关节的直流电动机和齿轮减速器

运动的需要。在各种不同类型的减速器中，齿轮减速器使用最为广泛。在齿轮传动中，从动齿轮与主动齿轮的转速之比等于主动齿轮的齿数除以从动齿轮的齿数。当用小齿轮驱动大齿轮时，转速就会降低。在图 5-12 中，直流电动机输出的旋转运动通过多级齿轮减速后，以比较低的转速（同时是比较大的转矩）驱使玩具机器人关节产生旋转运动。

5.4.3 电动型玩具机器人——两足行走的玩偶机器人

（1）两足行走的玩偶机器人外形

图 5-13 所示为两足行走的玩偶机器人，在电动机经减速后，在低速轴带动下，行走机构的左右摆动导杆成为玩偶左右脚轮流跨步着地，摇摆前行。由于身穿古代官服，头戴官帽，像是古代官员在漫步缓行，趣味横生。

（2）简化的两足行走机构的左右脚行走过程

如果如人的行走为例，机器人两足行走的过程是比较复杂的。人足是由大腿、小腿和脚掌等组成，因此人腿有髋关节、膝关节和踝关节 3 个主要关节。为了简化，玩具机器人的腿只有一个髋关节，至少成为两个自由度的双脚行走过程。

对于两足行走机构的设计，我们首先应了解人的行走时的运动过程。人的行走过程其步态如图 5-14 所示。其简单过程为右脚着地，左脚跨步；左脚着地，右脚跨步，右脚着地，如此周而复始。而且在右脚着

图 5-13　两足行走玩偶机器人外形

地到左脚着地过程中，左脚的摆动还可以分解成若干步态，其过程还是比较复杂的。

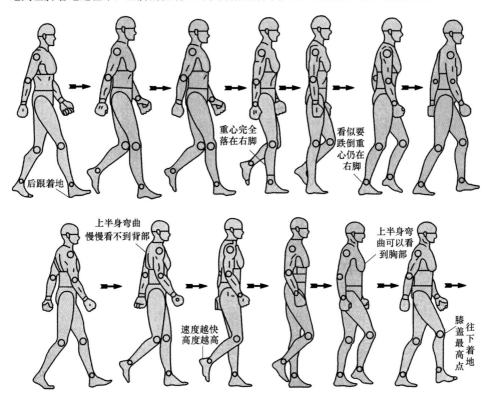

图 5-14　人的行走过程

　　为了使两足行走的玩具机器人的步行机构比较简单，我们往往将手、腰、膝、踝等关节的动作忽略，将动作简化为右脚着地，左脚抬起前迈，左脚着地，右脚抬起前迈，采用较为简单的摆动导杆机构加以实现，如图 5-15 所示。

　　图 5-16a 表示左脚行走过程，将它的行走过程分解为 8 个行走状态，其中 1、2 是抬脚不离地，3、4、5 是脚离地，6、7、8 是脚逐步着地。图 5-16b 表示左右脚行走过程，其中左脚抬脚不离地时，右脚离地跨步；右脚着地时，左脚进行跨步；左脚着地时，右脚离地跨步；如此不断前行。

　　图 5-15 表示了此两足玩偶机器人的简单的行走机构，左脚和右脚都采用简单的摆动导杆机构。这种结构所产生的行走步态与人的步态相差甚远，但左、右交叉跨步，节奏分明，也是别有情趣。其中左、右脚底要求长度较大、宽度较宽。是为了使玩偶重心始终落在着地的脚底，保证稳步前进。

　　（3）两足行走机构的设计和分析

　　图 5-17 为右脚、左脚的摆动导杆机构，右脚的导杆机构为 AB_1C_1，左脚的导杆机构为 AB_2C_2。导杆 B_1C_1 作为右脚，导杆 B_2C_2 作为左脚。为了使脚的跨步要小，步态要稳，其中曲柄 AB_1、AB_2 要大大小于 AC_1（AC_2）。使摆动导杆的摆角较小，从而实现小跨步。两足行走

机构可按实际需要来进行设计。为了使两足行走时玩偶的重心始终落在着地的脚底范围内，脚底的面积落在 AC_1 对称线的两边。两脚脚底增大、增重，也可有利于玩偶重心下移，使行走时更平稳。

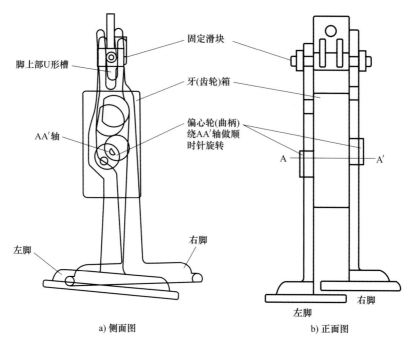

脚上部U形槽

固定滑块

牙(齿轮)箱

偏心轮(曲柄)绕AA′轴做顺时针旋转

AA'轴

左脚　　　　　　　右脚

a) 侧面图　　　　　　　　b) 正面图

图 5-15　简单的行走机构

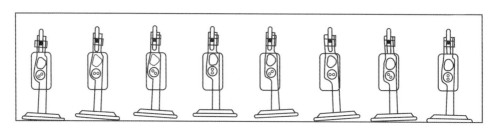

a) 单(左)脚行走过程

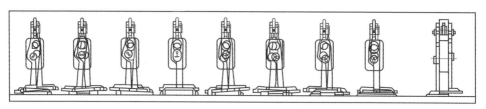

b) 双(左右)脚行走过程

图 5-16　简化行走机构的原理

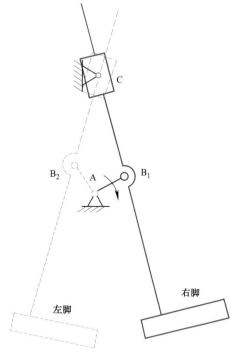

图 5-17　左右脚的摆动导杆机构

5.5 程序控制型玩具机器人的设计与应用

5.5.1 玩具机器人中的关节运动

　　图 5-18 所示为一台仿人型玩具机器人。它的头部可以左右转动，它的双臂可以举起和放下。机器人的手臂是一个多关节部件，由靠近肩部的主臂、中间的肘关节、前臂和手指组成。前臂可以相对于主臂旋转，手指可以张开合拢。所有这些运动的动力都来自安装在玩具机器人内部的直流电动机和齿轮减速器。在仿人型玩具机器人的躯干下部，有一个驱动上半身左右摆动的关节，该关节的作用是调节机器人整体的重心，在机器人行走的过程中始终控制重心位于支承足与地面的接触面范围内，保证使另一个足能够抬起和向前迈步。

　　图 5-19 所示为仿人型玩具机器人手臂的内部构造。图 5-19a 为拆除部分外壳后的手臂整体。在机器人的肩部，安装了一个由直流电动机和齿轮减速器组成的动力关节。整个手臂在这个动力关节的驱动下绕关节轴旋转，从运动学角度分析，手臂整体以躯干为参照系产生绕固定轴的旋转运动。图 5-19b 和图 5-19c 展示了机械手指合拢与张开的过程。这种运动的动力来自肘关节。肘关节驱动器有前后两个同轴的输出端，一个输出端连接在主臂上，当肘关节驱动器中的直流电动机旋转后，使前臂和手部相对于主臂旋转。另一个输出端上安装了端面凸轮，当凸轮旋转时，推动从动构件使机械手指张开合拢。

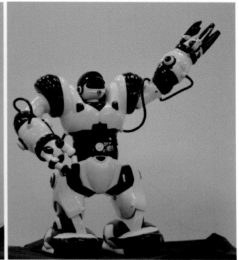

图 5-18　仿人型玩具机器人的手臂动作

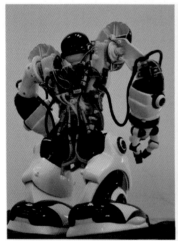

a) 机器人手臂　　　　　　　　b) 机械手指合拢　　　　　　　　c) 机械手指张开

图 5-19　仿人型玩具机器人的手臂和手爪动作

　　仿人型玩具机器人要在地面上站立和步行，需要实现腰部与左、右两条下肢的协调动作。图 5-20 表示仿人型玩具机器人的下肢构造。在站立状态，机器人的两条下肢都处于触地支撑状态，机器人整体的重心应该位于对称面上。在行走状态，机器人的两条下肢轮流处于触地支撑状态和悬空迈步状态。这时机器人整体的重心位置必须作相应调整。确保经过重心的垂直线始终位于支撑面（机器人与地面的接触面）内。这项工作是由腰部关节电动机完成的。该电动机驱动机器人躯干、上肢和头部左右摆动，调整这些部件的局部重心位置，因而改变了机器人整体的重心位置。

图 5-20　仿人型玩具机器人的下肢构造

5.5.2　玩具机器人的遥控原理

有相当一部分玩具机器人用遥控方式进行控制。遥控电路分为安装在遥控器内的发射电路和位于玩具机器人内部的接收电路。图 5-21 所示为仿人型玩具机器人内部的控制电路板与遥控器。发射电路会发出无线电指令信号。接收电路接收到信号后，经过放大后驱动玩具机器人上的电动机运转。当操纵者按下遥控器上的一个按钮以后，电路通过键盘扫描（一种循环检测方式）得到对应的指令码，该指令码被组合（调制）在载波信号（周期变化的脉冲信号）上，然后经过功率器件放大后就会产生含有对应指令码的无线电高频信号。与这些过程有关的电路是高频振荡器、定时信号发生器和编码调制器。在接收电路中有选择地接收频率的电感 - 电容并联谐振回路，还有执行译码的集成电路，译码电路的功能是在接收到的无线电信号中间提炼出所含有的控制指令。

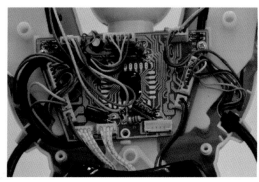

a) 控制电路板　　　　　　　　　　　　　　　　b) 遥控器

图 5-21　仿人型玩具机器人内部的控制电路板与遥控器

5.5.3　玩具机器人的计算机程序控制

与工业机器人相比，玩具机器人的控制系统十分简单，但还是能体现出计算机程序控制

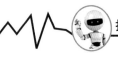

的一些特征。那就是机械部件的运动受计算机程序中的代码控制。当计算机程序的代码改变以后，机械部件的运动就会改变。计算机程序代码中含有数据，在这些数据中包含了机械臂中各个关节的旋转角度、旋转速度和旋转方向。我们可以用储存数据和调用数据的形式控制玩具机器人的运动。储存数据的形式有多种，在玩具机器人中，一般是采用按钮记录的形式。操作者先用按钮点动的形式改变机器人的姿态。用人眼目视的形式判断机器人姿态调整的合理性。在这个点动操纵过程中，机器人的控制系统会即时记录各个关节运动状态的改变情况。当这种设置动作的操纵过程完毕后，操作者按下一个按钮进行记录，把对应的关节运动数据储存到控制系统中的储存器中。在需要的时候，操作者可以按下另一个按钮，玩具机器人控制系统会把先前储存的关节运动数据调出来，驱动玩具机器人完成动作设置阶段规定的运动。这种控制形式在工业机器人中被称为"示教再现"。

5.5.4　仿人型机器人的机构运动

在仿人型玩具机器人中，有相当一部分是模拟人类下肢活动的行走机器人。人体下肢内有髋关节、大腿、膝关节、小腿、踝关节和脚掌脚趾。在整个行走过程中，两条下肢轮流经历支撑期（从脚跟着地开始，到脚趾离地结束）和摆动期（指下肢在空中向前摆动，不与地面接触的阶段）。大腿相对躯干的角度、小腿相对于大腿的角度、脚掌相对于小腿的角度都会按照一定的规律发生变化，这是人体步态研究的内容。为了再现双足行走步态，比较简单的技术方案是采用连杆机构，将曲柄构件的连续转动变换成为足底构件并周而复始地着地支撑和离地摆动。相对复杂的技术方案是在机器人下肢的髋关节、膝关节、踝关节处各安装一个动力关节（单自由度关节或多自由度关节），组成一个多自由度机械系统，用计算机程序驱动各个动力关节，控制下肢的多关节协调运动，如图5-22所示。

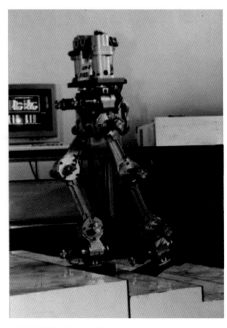

图 5-22　双足行走模型与配置动力关节的步行机器人

　　按照机械原理研究的成果，任何一台机器都可以抽象成机构（用简单符号表示的机械构造）。用统一标准的机构符号能够简明扼要地表示机械装置的运动过程与工作原理，机构简图省略掉的是机械零件的具体形状，突出强调了构件与构件之间的连接方式，如图 5-23 所示。

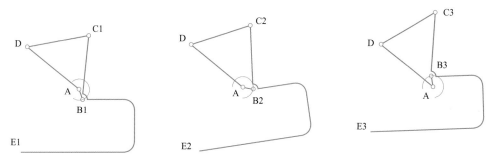

图 5-23　用机构简图表示的行走模型（单足）运动过程

第6章

巧妙神奇的古代机器人

在人类机械制造的历史上，机器人的概念是到了 20 世纪 20 年代才被正式提出的。1959
年美国英格伯格和德沃尔制造出世界上第一台工业机器人，机器人的历史才真正开始。然而
人类对机器人的幻想与追求却已有近 3000 多年的历史。人类希望制造一种像人一样的机器，
以便代替人类完成各种工作。据记载，西周时期我国的能工巧匠偃师就研制出了能歌善舞的
伶人，这是我国最早记载的机器人。春秋后期，中国著名的木匠鲁班，在机械方面也是一位
发明家，据《墨经》记载，他曾制造过一只木鸟，能在空中飞行"三日不下"，如图 6-1 所示
体现了中国劳动人民的聪明智慧。公元前 2 世纪，古希腊人发明了最原始的机器人 - 自动机，
它是以水、空气和蒸汽压力为动力的会动的雕像，它可以自动开门，还可以借助蒸汽唱歌。
在我国也出现了张衡的地动仪、记里鼓车，诸葛亮的木牛流马等古代自动机械。纵观人类的
科技发展长河，尽管从文献的记载中我们无法确定这些集古代人类智慧结晶的创造发明的确
切结构，但对这些科技文化瑰宝的探究与挖掘，仍对现代的人类有着深远的影响。

图 6-1　鲁班与木鸟

6.1 神奇的木牛流马

木牛流马是诸葛亮的巧妙发明，为复出祁山运粮所用。木牛流马究竟是一种什么样的运
输工具呢？千百年来人们提出各种各样的看法，争论不休。查考史书，《三国志·诸葛亮传》
记载："亮性长于巧思，损益连弩，木牛流马，皆出其意。"《三国志·后主传》记载："建兴九
年，亮复出祁山，以木牛运，粮尽退军；十二年春，亮悉大众由斜谷出，以流马运，据武功
五丈原，与司马宣王对于渭南。"由此可见，木牛、流马是两项不同的发明，木牛在建兴九年
（公元 231 年）2 月投入使用，流马在建兴 12 年（公元 234 年）年春投入使用。

对于木牛流马的争论，自古以来归纳为 4 种不同的观点：1）认为木牛流马是独轮车；2）

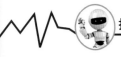

认为木牛流马是自动机械；3）认为木牛是独轮车，而流马是四轮车；4）不可知的其他结构。

南朝（宋）裴松之以大量史料为《三国志》作注，才在裴注《三国志》中出现比较完整的"作木牛流马法"的描述。近年来上海曹励华，根据裴注中"作木牛流马法"复原了木牛的结构。图 6-2 为曹励华复原的木牛结构图，图 6-3 为其外形图。

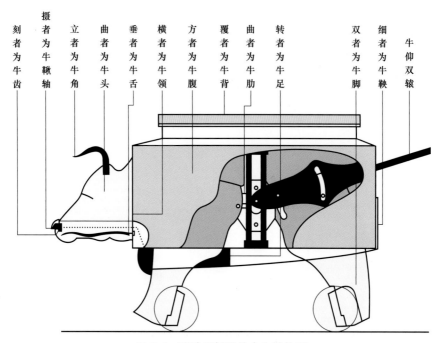

图 6-2　曹励华复原的木牛结构图

图 6-3　复原木牛外形图

其中四足负责直行，一脚负责转弯。四足直行又可以用足轮不着地的步行状态，也可以是足轮着地的轮行状态。利用双辕上下交替摆动，实现对角线步行方式，即左前足向前，右前足向后；左后足向后，右后足向前。这是通常四足兽的前进步态。利用双辕同步上下摆动，实现左、右前足同步向前，左、右后足同步向后模仿了四足兽的奔跑步态。

图 6-4 所示是左侧足机构运动简图，当左辕上摆时，左前足向后，左后足向前；反之，当左辕下摆时，左前足向前，左后足向后。右侧足机构与左侧足机构形式完全相同，且两套机构相互独立。

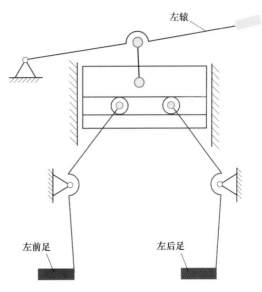

图 6-4　木牛左侧足机构运动简图

6.2 司方如一的指南车

指南车，又称司南车，是中国古代用来指示方向的一种机械装置。指南车利用机械传动原理，与指南针利用地磁效应不同，指南车是利用齿轮传动系统，根据车轮的转动，由车上木人指示方向。无论车子转向何方，木人的手始终指向南方，"车虽回运而手常指南"。指南车是古代一种指示方向的车辆，也作为帝王的仪仗车辆。指南车历代曾几度重制，见表 6-1，但直至宋代才有指南车详细的资料记载。指南车的自动离合装置显示了古代机械技术的卓越成就。

表 6-1　我国古代指南车历次制作发明

制作年代	朝代 / 制作人	成果
不详	传说时代 / 黄帝	无法证实
不详	西周 / 周公	无法证实
不详	汉 / 张衡	成功
235 年	三国 / 马钧	成功
333 年	后赵 / 魏猛、解飞	成功
417 年	后秦 / 令狐生	成功
不详	后魏 / 郭善明	未成
424 年	后魏 / 马岳	未成

（续）

制作年代	朝代 / 制作人	成果
477 年	南朝 刘宋/祖冲之	成功
1107 年	北朝/索驭驎	成功，误差较大
616 年	唐/杨务廉	不详
808 年	唐/金公立	成功
1027 年	宋/燕肃	成功
1107 年	宋/吴德仁	成功

1924 年英国学者穆尔（Moule）发表了研究指南车的论文并根据《宋史》文献记载给出了具体的复原方案，接着又有很多国内外学者研究。1937 年王振铎发表《指南车记里鼓车之考证及模制》，他改良穆尔的设计，并成功地制作出指南车模型，如图 6-5 所示。

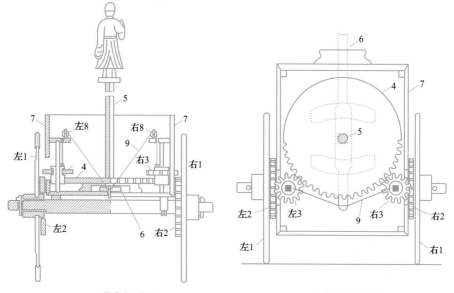

a) 指南车后视图

b) 指南车俯视图

1—足轮　2—立轮　3—小平轮　4—中心大平轮
5—贯心立轴　6—车辕　7—车厢　8—滑轮　9—拉索

1—足轮　2—立轮　3—小平轮　4—中心大平轮
5—贯心立轴　6—车辕　7—车厢　9—拉索

图 6-5　王振铎型燕肃指南车复原设计结构图

指南车可以分为定轴轮系和差动轮系两大类观点。图 6-6 是两种典型的传动原理图。根据现有复原方案分析，指南车由 4 个部分组成：输入系统、传动系统、反馈系统和输出系统。

（1）输入系统

两种观点的指南车的输入系统均为左右车轮。直行时，两车轮以相同的转速前行；转弯时，左右两轮的转速不等，车身旋转。而指南车正是要抵消车身的旋转而使木人指向固定的方向。

（2）传动系统

传动系统的作用是连接左右两轮输入，最终驱动输出构件运动的系统。对于定轴轮系的观点，传动系统是一个单自由度的轮系，因而必须存在一套反馈系统和自动离合的系统，如图 6-6a 所示，实现左右车轮输入的切换。对于差动轮系的观点而言，传动系统是一套两自由度的差动轮系，两个输入即为左右两个车轮。当左右车轮转速相同时，输出太阳轮保持静止；当左右车轮有转速差时，驱动木人所在太阳轮转动。

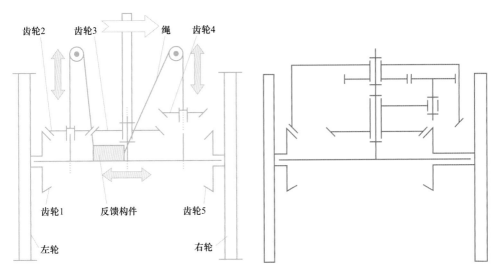

a) 基于定轴轮系的传动原理　　　　　　　　　　　　b) 基于差动轮系的传动原理

图 6-6　两种指南车传动原理图

（3）反馈系统

如图 6-6a 中的反馈构件（车辕）。直行时，车辕位于车中心位置，齿轮 2 及齿轮 4 都处于离合状态，则左右车轮的运动都不会传递到输出轮齿轮 3，木人指向不变；当车左转时，车辕必向左移动，齿轮 1 与齿轮 2 啮合，左车轮驱动输出齿轮 3 并最终带动木人向右方向转动，以保持指向不变；车右转时同理。

（4）输出系统

指南车的输出系统即作为指向的构件。根据古文献记载，输出构件一般固定连接一个木仙人。

6.3　记里鼓车

记里鼓车是古代一种能够自动计程的机械，如图 6-7 所示。它利用齿轮传动装置将车轮行走的里数反映出来，每当车行一里，车上的木人击鼓一槌。早期的有关史料都没有对记里鼓车的内部构造作出详细的说明。但宋代的记里鼓车保留了详细的文献记述。

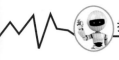

图 6-7　汉代记里鼓车

《宋史·舆服志》一百四十九卷关于卢道隆记里鼓车有记载如下："独辕双轮，箱上为两重，各刻木为人，执木槌。足轮各径六尺，围一丈八尺。足轮一周，而行地三步。以古法六尺为步，三百步为里，用较今法五尺为步，三百六十步为里。立轮一，附于左足，径一尺三寸八分，围四尺一寸四分，出齿十八，齿间相去二寸三分。下平轮一，其径四尺一寸四分，围一丈二尺四寸二分，出齿五十四，齿间相去与附立轮同。立贯心轴一，其上设铜旋风轮一，出齿三，齿间相去一寸二分。中立平轮一，其径四尺，围一丈二尺，出齿百，齿间相去与旋风等。次安小平轮一，其径三寸少半寸，围一尺，出齿十，齿间相去一寸半。上平轮一，其径三尺少半尺，围一丈，出齿百，齿间相去与小平轮同。其中平轮转一周，车行一里，下一层木人击鼓；上平轮转一周，车行十里，上一层木人击镯。凡用大小轮八，合二百八十五齿，递相钩锁，犬牙相制，周而复始。"

张荫麟根据这段记载推断卢道隆记里鼓车的齿轮机构如图 6-8 所示。其中甲为足轮（车轮），乙为附于足轮的立轮，丙为下平轮，丁为第一贯心轴，戊为旋风轮，己为中平轮，庚为第二贯心轴，辛为小平轮，壬为上平轮，癸为第三贯心轴。第二贯心轴上所安击鼓的木人位于下一层。第三贯心轴上所安击镯的木人位于上一层。这一推断已被普遍接受，成为定论。其传动原理也易于说明，因车轮直径为六尺，当时圆周率取近似值 3 进行计算，车轮转一周，车行十八尺，转 100 周正好为 360 步，也即一里。又各齿轮齿数分别为 $Z_乙=18$，$Z_丙=54$，$Z_戊=3$，$Z_己=100$，$Z_辛=10$，$Z_壬=100$，当车行一里时，乙轮转 100 周，庚轴转为

$$100 \times \frac{Z_乙}{Z_丙} \times \frac{Z_戊}{Z_己} = 100 \times \frac{18}{54} \times \frac{3}{100} = 1（周）\tag{6-1}$$

癸轴则只转为

$$100 \times \frac{Z_乙}{Z_丙} \times \frac{Z_戊}{Z_己} \times \frac{Z_辛}{Z_壬} = 100 \times \frac{18}{54} \times \frac{3}{100} \times \frac{10}{100} = \frac{1}{10}（周）\tag{6-2}$$

如果在庚轴和癸轴上分别装上一个相当于凸轮作用的拨子，能拨动或间接用绳拉动轴上木人的上臂，轴转一周使它击鼓一次。这样，行一里时庚轴上的木人击鼓一次，行 10 里时，癸轴转一周，其上木人击镯一次。

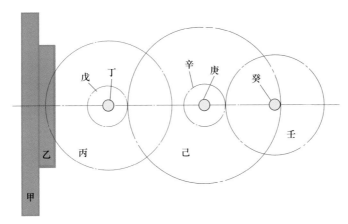

图 6-8　卢道隆记里鼓车传动原理图

《宋史·舆服志》关于吴德仁的记里鼓车有如下记述：

大观之制，车厢上下为两层，上安木人二，身各手执木槌。轮轴共四。内左壁车脚上立轮一，安在车厢内，径二尺二寸五分，围六尺七寸五分，二十齿，齿间相去三寸三分五厘。又平轮一，径四尺六寸五分，围一丈三尺九寸五分，出齿六十，齿间相去二寸四分。上大平轮一，通轴贯上，径三尺八寸，围一丈一尺，出齿一百，齿间相去一寸二分。立轴一，径二寸二分，围六寸六分，出齿三，齿间相去二寸二分。外大平轮轴上有铁拨子二。又木横轴上关捩、拨子各一。其车脚转一百遭，通轮轴转周，木人各一击钲、鼓。

吴德仁记里鼓车与卢道隆记里鼓车的传动方式是相同的，只是减少了产生击镯作用的一对齿轮，使两木人在车行一里时同时击钲击鼓。如果取消卢氏记里鼓车的辛轮、壬轮、和癸轴，则所用轮系与吴氏记里鼓车轮系基本相同如图 6-9 所示，只是齿轮齿数有所不同。后者的轮系齿数分别为 $Z_乙=20$，$Z_丙=60$，$Z_戊=3$，$Z_己=100$，车轮直径也为六尺，当车前进一里时，乙只能转 100 周，庚轴则只转：

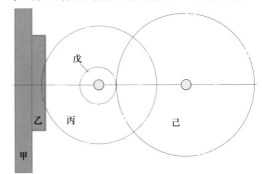

图 6-9　吴德仁记里鼓车传动原理图

$$100 \times \frac{Z_乙}{Z_丙} \times \frac{Z_戊}{Z_己} = 100 \times \frac{20}{60} \times \frac{3}{100} = 1（周）\qquad(6-3)$$

庚轴上和木横轴上有相当于凸轮作用的"铁拨子"和"上关捩拨子"，当庚轴转一周时，可牵动上层木人击钲击鼓。

记里鼓车采用的复式轮系，获得了较大的传动比，当贯心轴上固定有两个齿轮时，为计算方便，大齿轮的齿数取小齿轮齿数的整数倍，使传动比的计算比较容易，齿数分配也较合理。文献中关于齿间相去（反映周节）数据的记载，有的存在着问题，未必准确。如吴德仁记里鼓车的齿间相去值很成问题，立轴上出齿3，齿间相去2寸2分，而与之啮合的外大平轮上齿数为100，齿间相去1寸2分，这样难以相互啮合和连续平稳传动。

6.4 古代机器人之光

6.4.1 会唱歌的机器鸟

公元前2世纪，亚历山大时期的古希腊人已经掌握了充分利用水以及蒸汽作为动力，发明了众多原始的自动机。如图6-10所示是两种机器鸟。图6-10a中，水流经过漏斗以及管道到达气密箱体的底部。随着液面的上升，箱体内部的空气经由右侧粗细不一、长短不同的管道排出，发出高低不同的悦耳的声音。当箱体满后，水经过排水管道流出。图6-10b中，鸟不仅能唱歌，当箱体中液面达到一定高度时，水从排水口FG排出，流入桶Z，桶Z会缓慢下降，并驱动左侧的鸟转动，形成动态的效果。

类似对仿生动物的研究在古代还有很多。如1783年，法国天才技师杰克.戴.瓦克逊用机械化的方法研究生物的功能，发明了一只会叫、会游泳，还会进食和排泄的机器鸭，如图6-11所示。尽管这只鸭子并不是真正能够消化吃进去的食物，但在现代科技推动下，这些来自古代设计师的灵感正逐步成为现实。

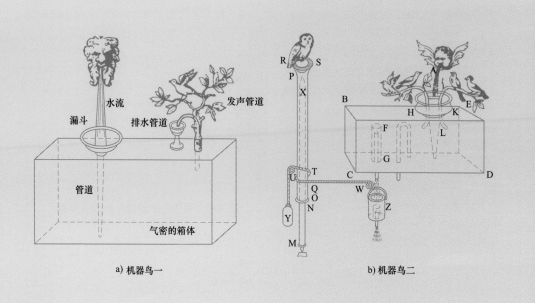

图 6-10 会唱歌的机器鸟

图 6-11　会进食的机器鸭

6.4.2　茶道机器人

18 世纪末，日本人若井源大卫门和源信发明了一种茶道机器人，如图 6-12a 所示。该机器人由木质材料制成，由发条和弹簧驱动。它双手捧着茶盘，如果茶杯放在茶盘上，它便会向前走，把茶端给客人；客人取茶时，它会停止行走，直至客人喝完茶，把茶杯放回茶盘，它点头致谢便转身退回原位。如图 6-12b 所示是现代机器人的优秀代表 ASIMO，端茶倒水对它而言是件非常轻松的工作了。

a) 古代茶道机器人

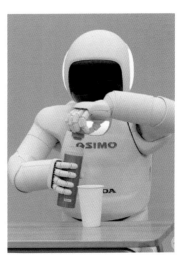

b) 现代机器人

图 6-12　茶道机器人

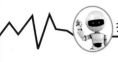

图 6-13 是茶道机器人的各种机构。图 6-13a 所示，当托盘上没有茶杯时，销钉在弹簧的作用下向下运动，插进棘轮，机器人停止运动。当托盘上有茶杯时，在茶杯的重力作用下，销钉拔出，机器人开始运动。图 6-13b 所示为点头机构，当机器人行走时，带动凸轮转动，通过四杆机构带动头部摆动，实现点头动作。图 6-13c 所示为转身机构，行走轮安装座在弹簧的作用下始终与连杆的水平末端相连，通过方向控制轮以及弹簧的作用实现 180° 的转动。图 6-13d 所示为机器人行走机构，通过偏心凸轮，实现足的抬步及移步。所有的机构由图 6-13e 中的驱动棘轮驱动。当通过发条手柄上紧发条后，驱动轴在发条的作用下转动，带动驱动拨片 1 和驱动拨片 2，以此拨动驱动棘轮，继而驱动所有机构实现机器人的所有动作。

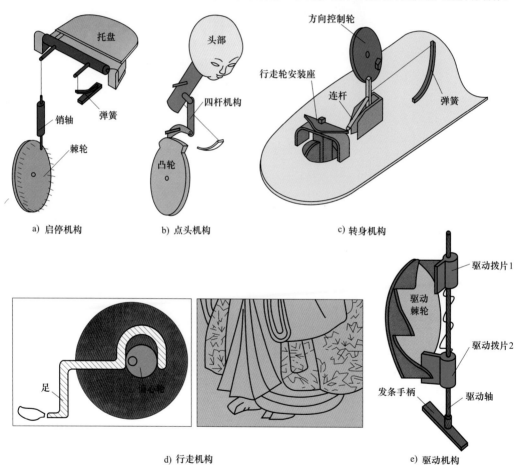

图 6-13 茶道机器人的机构

第 1 章

会思考、能应变的智能机器人

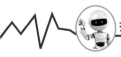

7.1 科幻电影与智能机器人

作为生物种群的人类，在 400 多万年的演化中，从猿到人、从荒蛮到文明，一直孤独和寂寥地生存着、奋斗着。因此，在人类情感和思想发展的历程中，从未间断过对自身之外所有其他不同种族和异族的向往和期盼。人类总是怀着一种矛盾和复杂的心理，憧憬着能够拥有自己的朋友、伙伴和同类物。从最早的氏族图腾和神化传说、各色各样的人偶玩物，到科幻小说里呼风唤雨的超凡机器，再到现代非生物材料制造出的形神俱佳、具有相当智能的机器人，都表明人类深藏于内心深处所特有的机器人情结。正是这种情结成为人们探索机器人的内生动力，并矢志不移地想象、发展和创造出形形色色的机器人来。

机器人一词的提出，至今还不到一百年的时间。其间在神话传说、小说、电影和文学作品里，出现了许许多多不同类型、不同相貌、不同本领的机器人。这些机器人有的为我们所熟知，有的为我们所喜爱和崇拜。如图 7-1 所示是近一百多年来一些知名的科幻电影中的机器人形象。

a) 1927年《大都会》机器人玛丽亚

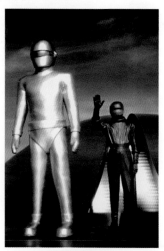

b) 1951年《地球停转之日》
机器人戈特(Gort)

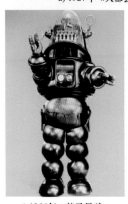

c) 1956年《禁忌星球》
机器人罗比(Robby)

d) 1977年《星球大战》
机器人R2-D2和C-3PO

e) 2008年《机器人总动员》
机器人瓦力(WALL.E)

图 7-1　典型的电影机器人

　　尽管照片中都是虚拟的、想象的机器人，但人类迁移到它们身上的特质、人格和超凡的魔力，却预示着机器人发展的方向。从这些机器人的身上，我们能够看到机器人前进的步伐和演化的轨迹，能够感受到他们的成长、成熟和像人一样逐渐完美的演化历程，也能够体察到它们的心智在提高，正慢慢地学会像人一样思考、分析、判断和适应环境的变化。具有人一般灵性、智能的机器人正逐步向我们走来。下面就让我们简单地了解一下现代智能机器人已经走过的历程。

7.2　智能机器人的今生往昔

7.2.1　1939 年·第一个现代意义的机器人的诞生

　　1939 年，在纽约举行的第 20 届世界博览会上，展出了美国西屋电气公司制造的家用机器人——Elektro，如图 7-2 所示。它有 1.83m（米）高，230kg（公斤）重，由继电器以及电缆连接控制，可以行走和上下楼梯。能向人问好，会使用简单的 77 个英语单词，讲述自己的故事（其实是将语音指令预先录制在唱片上，然后在现场播放）。Elektro 代表了当时机器人研究和制作的最高水平，但距离向人类提供真实的服务还差得很远。但在那一届世界博览会"明天的世界和建设"的主题烘托下，让人们对机器人的憧憬变得更加具体、更加清晰起来。

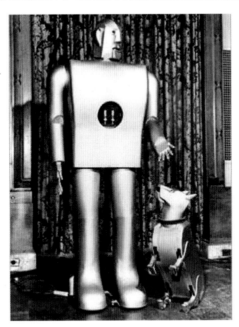

图 7-2　1939 年纽约世博会上的家用机器人

7.2.2　1954 年·第一台可编程的工业机器人

　　20 世纪 40 年代、50 年代，正是一个科学技术高速发展的时代。第一台数字式电子计算

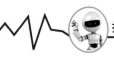

机的悄然诞生，半导体晶体管以及集成电路的腾空出世引发了机械、电子控制技术的一次次飞跃。在这种技术大背景下，第一台可编程的工业机器人被发明出来，其发明人就是出生于美国肯塔基州的乔治·德沃尔。德沃尔从小就对轮船、飞机和发动机上几乎所有涉及电子和机械的东西感兴趣，喜欢做各种各样的实验。高中时就非常有兴趣地学习了力学和电子学。尽管高中毕业后，德沃尔再也没有进过学校进行系统的学习和深造，但却在实践中积累了许多有用的技能和经验，并申请了 9 项专利。德沃尔非常喜欢阅读科幻小说，并从中获得灵感，结合通用的自动控制概念和磁记录的新技术，发明出第一台"可按照程序重复精细操作动作的机械手臂"，即现代意义的工业机器人，如图 7-3 所示。

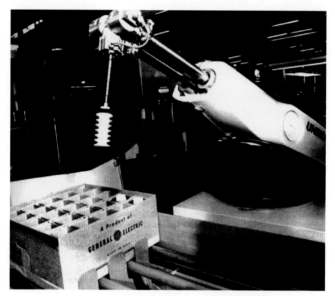

图 7-3　德沃尔发明的第一台可编程机器人

7.2.3　1956 年·第一次聚焦在机器人上的智慧碰撞

如果说人类对机器人的热情和憧憬，首先出现在科幻作品里的话，那么有关思维逻辑、智能以及对人类大脑思考过程的科学探索就为机器人的发展奠定了坚实的基础。1956 年，时任美国达特茅斯学院副教授的麦卡锡（人工智能之父），哈佛大学数学与神经学初级研究员明斯基（人工智能大师），贝尔电话实验室年轻的数学家香农（信息论创立者），IBM 信息研究经理罗彻斯特（IBM 计算机设计者之一）等，发起了达特茅斯会议，共同讨论了数理逻辑推理研究、机器智能和计算机技术等已在社会上崭露头角的热点问题。达特茅斯会议极大地激发了一大批初出茅庐的年轻科学家的热情，促使他们深入地思考萦绕在人类心头几个世纪的问题："能否让机器思考、推理和做出判断"。

20 世纪 50 年代中期，电子计算机技术的快速发展，使一些科学家敏锐地感受到进行数字运算操作的机器完全可能进行符号的操作与演算，而对符号的认知记忆和运算操作则可能是人类意识和思维的本质。换句话说，机器也能够进行像人类一样的思考。机器人终究有一天可以像人一样，成为与人类智慧比肩，甚至超过人类智慧的智能机器人。

在此基础上，集中了数学、心理学、工程学、经济学和电子计算机学等相关学科骨干的科研团队，开始探讨制造人工大脑的可能性，也即为机器人具有向人类一样的智慧和灵性打开了大门。在麦卡锡的大声疾呼下，诞生了"人工智能"的新名词，并正式开创"人工智能"这门新型学科。

因此，1956 年达特茅斯会议是机器人发展过程中一个非常重要的事件。它既代表着人工智能这门新兴学科的诞生，也预示着机器人即将开始步入智能机器人的新时代。

7.2.4　1962 年·"有感知"的机器人问世

20 世纪 60 年代，半导体电子管逐步取代真空电子管，电子控制技术、电子计算机技术日新月异。在各种新技术的强力助推下，各种传感器越来越灵敏化、小型化，并在机器人上得到越来越多的应用，以提高机器人的可操作性和感知性。传感器的应用使得机器人的发展有了质的变化。即由最初的仅仅存储程序和信息，然后执行和完成程序和信息的所谓第一代机器人，自然而然地向具有触觉、听觉、视觉，具备感知周围世界，具有"动作—反馈—再动作"的互动交流功能的所谓第二代机器人迈进。同时，在这段时间内，机器人的发展有一个明显的特点，就是科学家关注、研究和发展机器人的重点在机械手、机械臂上。因而，有许多知名的机械手代表着当时机器人走过的路程。

1961 年美国麻省理工学院研制出有触觉的 MH-1 型机械手。如图 7-4 所示的 MH-1 机械手使用早期的晶体管计算机 TX-0 进行控制，并安装有触觉传感器，用来处理对人健康损害较大的放射性材料等。

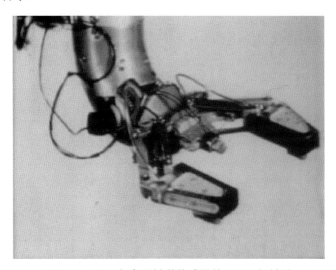

图 7-4　1961 年安装触觉传感器的 MH-1 机械手

1961 年，美国约翰·霍普金斯大学应用物理实验室研制了名叫"野兽"（Beast）的初级智能机器人。使用了晶体管组成的电子控制电路，当充电电池容量偏低时，它会自主寻找墙上的电源插座，并自动连接进行充电，如图 7-5a 所示。1965 年，第二代"野兽"机器人研制完成，能通过装置在身上的声纳系统、光电管等传感装置，校正自己在环境中的位置，如图7-5b 所示。

a) 1961年研制的机器人"野兽"

b) 1965年改进的机器人"野兽2"

图 7-5　安装声纳、光电管传感器的"野兽"机器人

1963 年，在机器人身上开始安装视觉传感装置，以使机器人在行驶过程中避开障碍物，如图 7-6 所示。

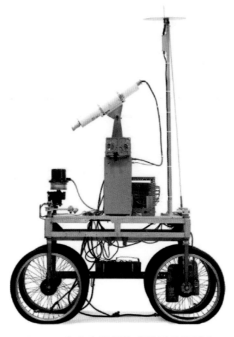

图 7-6　安装有视觉传感装置的机器人

7.2.5　1968 年·第一台具有推理、判断和决策的智能机器人

在带有传感器、具有感知能力的第二代机器人逐渐成熟以及电子计算机遵循摩尔定律高速发展的基础上，具有感觉和独立判断能力，并能够进行记忆、推理和决策的复杂过程，因

而能够像人一样做出较为智慧行动的第三代智能机器人终于呱呱坠地。越来越小型化的电子计算机成为机器人的大脑和核心。智能机器人通常带有视觉、触觉等多种传感器，能根据程序指令控制各个运动和行走装置，能够初步理解自然语言，与人进行简单的对话。智能机器人具有与外部世界的物体对象和环境甚至人进行适应、协调的工作机能。换句话说，智能机器人在按照自然界有机生命体的演化方式发展，即以一种"感觉—调整—适应"的方式进行运行，并不断取得令人惊奇的进步。

1968 年，美国斯坦福研究所研发成功机器人沙基（Shakey），它带有视觉和触碰传感器，可以说是世界第一台智能机器人。而且，以沙基机器人为研发平台，进行了许多人工智能的图形分析、路径决策和对象操纵技术的测试和研究。

图 7-7 所示的机器人沙基由大型计算机通过双向无线链路控制。其移动机身上装置的摄像头、距离传感器和触碰传感器将信息和数据传递给计算机，进行图像视觉分析、语言处理和执行指令的策划，并指导机器人行动。机器人沙基采用"多路点"的搜索技术进行导航，同时规避障碍。1969 年，该研究所对机器人的智能进行测定。他们在房间中央放置了一个高台，台上放一只箱子，同时在房间一个角落里放了一个斜面体。科学家命令机器人爬上高台并将箱子推到地面上。开始，这个机器人绕着台子转了 20min（分钟），却无法登上去。后来，它发现了角落里的斜面体，于是走过去，

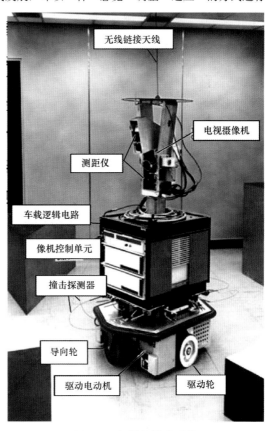

图 7-7　智能机器人沙基

把斜面体推到平台前，并沿着这个斜面体爬上了高台将箱子推了下去。这个测试表明，机器人沙基已经具备了初步的发现、综合判断以及决策等智能。

7.3　深入了解智能机器人

7.3.1　智能是什么？

智能是人类自身在长期演化过程中，与周围不同环境、各类群体相互适应所积累的生理、心理和精神的能力和能量。也就是说，是人类认识世界、认识自我过程中知识和智力的总和。所谓知识，是衡量对物质世界和精神世界认识的状态，即通过对前人积累经验和自身活动体

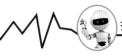

验的总结和联想，进而熟悉、了解和把握周边世界的程度和技巧。知识也包括通过研究、调查、观察或经验而获得的一整套知识和资讯系统。而所谓智力，是我们人类特有的生物一般性的精神能力的特质，这些精神能力中又包括理解能力、计划能力、解决问题的能力、抽象思维能力，表达意念能力、语言理解能力和认知环境的学习能力。

综上所述，智能是一种心理活动的过程。知识和智力组成了智能的全部。人类在认识、了解、学习和适应周围环境的过程中，总结和提炼出直接和间接的经验和知识，并把这些经验和知识运用到实践中，指导我们解决问题。而智力是运用规划和统筹获取知识的技巧以及运用知识求解问题的能力。

7.3.2 什么是智能机器人？

严格地讲，智能机器人只是一个阶段性的用语，它仅表明机器人发展的状态和阶段。

给智能机器人下一个准确的定义，就像给机器人下一个定义一样的困难。一位美国学者讲道，"机器人的定义实质上是一个随着科技进步而不断改变其本体特征的移动靶"。在机器人产生的初期，一些简单机械或由这些机械构成的半自动、自动装置被看成机器人。其后，精密机械与电子计算机结合起来，呈现出机电一体化的趋势，这时的机器人又被看成依赖于计算机的机械电子。再其后，各种传感器尤其是视觉传感器的大量应用，使得机器人对周围的认知越来越丰富、立体和完整，机器人具备了学习和获取知识的能力。到如今，机器人技术正由一个以机电一体化为中心的单一学科，逐步转变成为集现代科技之大成的交叉型科技领域。人体生物学、生理学和仿生学等现代科技正在成为机器人发展的主流。人与机器人的情感、伦理等问题，也得到更多的重视。机器人正变得越来越具有独立的学习和思考能力，越来越能够自然地适应环境，越来越能够自主地做出决策，越来越能够自动地实施应对行动。也就是说机器人越来越具有智能的特性。

因此，智能机器人所面对的环境是未知、变化和自然的场景。它们像人一样，具备感知、识别以及对环境分类和分析的学习能力，具备对感知汇集的信息进行归纳、判断和做出规划决策的能力，具备执行规划以实现复杂系统任务完成的行动能力。

智能机器人的应用范围几乎遍布我们身边的各行各业，因而自然又分为各种类型的智能机器人，下面就分门别类地作一些初步的介绍。

7.4 智能服务机器人

机器人技术的快速发展，必然会走进我们的生活，来替代人类从事各种繁杂的劳动。同时，随着人类逐步迈入老龄化社会，老年人的助老、助残、健康复原、家务护理、医疗、教育以及娱乐等方面的工作，必然要由家庭智能服务机器人来完成和填补。因此，未来社会的家庭中拥有一台或几台智能服务机器人将是寻常之事。

7.4.1 智能移动机器人管家赫布（HERB）

图 7-8 是由美国卡耐基 - 梅隆大学研制的智能机器人管家赫布，具有很高的智能，能够适应真实的家庭环境，能够感知导航，自行完成各种行动的决策和实施。

作为家庭服务机器人，在从事简单或复杂工作时，首先需要快速地辨认和定义环境，快

速地发现相关物体的位置及其特性，并快速地做出分析和决策，然后再执行对应的行动。通常，机器人专家必须建立复杂的数学模型和物体的图像，然后将它们加载到机器人的计算机记忆储存装置里。这一过程非常地耗费时间，又特别占用计算机的存储空间，而且在家庭服务中，许多对象和内容在不断变化，例如像位置、时间戳、大小、形状、颜色和能否被移动等相应的领域知识都是一个动态的过程，需要机器人能够即时地感知和辨识每一个物体对象而快速做出正确的判断。这对智能服务机器人来讲是一个非常大的挑战。

图 7-8　仿佛在沉思的智能移动机器人管家赫布

　　针对上述情况，赫布智能移动机器人管家的研究人员开发出一种名为"终身机器人对象发现（LROD）的计算方法"，让这个长有双臂，靠车轮移动的机器人凭借彩色摄像、Kinect 深度相机收集图像数据，再结合非视觉性的信息对常见的家居用品形成基本认知，如图 7-9 所示。

　　赫布有两个手臂，两台低功率的机载电脑，依靠底盘车上的两个车轮在室内移动。依照强大的识别物体和处理图像的能力，赫布可以分辨和回收饮料瓶、果汁罐，并且能平稳地抓

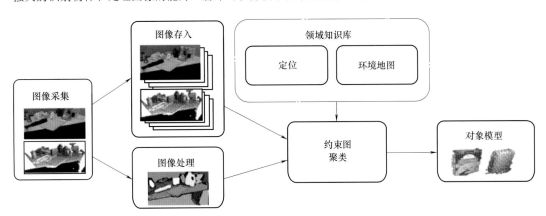

图 7-9　智能移动机器人管家赫布的物体图像建模流程

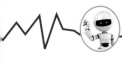

持装满咖啡的水壶进行移动。如图 7-10a 所示，赫布甚至知道从冰箱中取出需要的食品，并放进微波炉里进行加热。赫布还能够使用约束轨迹优化（GSCHOMP）技术，对不同位置和层高的储物柜门进行标示和记忆，并打开柜门寻找到应取出的物品，如图 7-10b 所示。

a) 将食品放入微波炉中加热

b) 三指抓手在分离奥利奥饼干

图 7-10 智能移动机器人管家赫布在处理家务

如图 7-11 所示，赫布的每个手臂上装备有 3 个指头的抓手，并装置有灵敏的传感器用来感知压力和力矩，会像人手一样精巧自如地将奥利奥饼干分离开来，将中间的奶油夹心擦除掉。

令人惊奇的是，赫布还有特别强的学习能力，其学习的过程非常类似我们人类小时候的学

图 7-11 赫布的三指抓手在分离奥利奥饼干

习认字。当一个新的物品出现后，它能够依靠自身的学习能力进行分析和归类，并依照自己处理问题的逻辑思路，做出与此物体相关的决策来。有一次，研究人员将一个菠萝和一袋面包圈遗忘在实验室里。第二天早上，他们惊奇地发现，赫布已经针对新出现的菠萝和装面包圈纸的袋建立起数学模型，而且已经想好如何用自己的抓手拿起并移动这些菠萝和面包圈，如图 7-12 所示。

图 7-12 智能移动机器人管家赫布对发现物品的建模和行动

接下来研究人员准备将无线网络技术加载到智能机器人管家赫布上，通过像 RoboEarth，ImageNet 或 3D 模型库等互联网图像网站的检索查取功能，来创建对家庭服务环境中物体对象更丰富的理解和定义、使赫布能够更快地找到一个新出现的物体对象的名称，更多地了解新物体的特性和领域知识，更好地提供服务。

7.4.2 智能情感意识机器人比娜（BINA）

除了家庭服务需要机器人外，从精神和情感意识的层面，人类也希望能够与机器人面对面地交流思想，探讨问题，交换看法，甚至能够陪伴聊天、说话和解闷。这就对机器人的智能有了更高的要求。同时，每个人的习性、文化修养、宗教习惯和个人爱好不尽相同，也要求所谓的情感意识机器能够有个性，能从不同的文化、爱好和情意要求上满足不同年龄、不同人群的需求。

美国佛蒙特州的一家民间运动基金会，资助开发了一款当今最富情感、意识的智能机器人——比娜。利用控制论和人工智能的原理，使得这个"女性"机器人具有一些独一无二的特性。

如图 7-13 所示，比娜是一个半身型的女性人形智能机器人。以真实的人物——碧娜·罗斯布拉特女士作原型。编程人员通过上百个小时的采访谈话，整理和提炼出最能代表碧娜女士记忆、情感、思维特征和价值观的核心特征信息，组成所谓的"思维记忆档案"。同时，创建了一个人工智能系统，将碧娜的记忆思维档案纳入到系统中，编写和集成出该机器人的操作运行软件。而这个编程过程整整花费了三年多时间。比娜的面部皮肤由一种"弗鲁韦尔"的合成材料制作，粗看起来与人类并没有很大的差别，皮肤下埋设有 30 个微型驱动装置，使比娜能够在语言交流中表露出微笑，愁眉不展或者有点困惑的复杂表情，如图 7-14、图 7-15 所示。

a) 智能情感意识机器人比娜

b) 机器人比娜的人类原型碧娜·罗斯布拉特

图 7-13　智能情感意识机器人比娜

图 7-14　情感意识机器人比娜在接受记者采访

由于运行软件的核心带有"思维记忆档案"所决定的鲜明的个性，因而在与人交谈或聊天时，智能情感意识机器人比娜能够讲笑话，背诵诗歌以及表达个性化的宗教倾向和社会价值认同，从而更容易贴近人类同伴的情趣和个性，而避免"话不投机半句多"的尴尬。情感意识机器人比娜甚至还可以像人一样"与时俱进"，她每天通过互联网进行学习，并将学习过程中个性化的知识积累、社会热点问题的看法以及道德伦理方面的提升都储存进思维记忆档案里。通过硬盘和磁储存介质，无限延伸一个本来只应该在有机细胞组织中存在的思想情感和人格。

重要的是，智能情感意识机器人比娜开辟了一个全新的领域。即利用控制论的原理，借助于计算机的硬件、软件，特别是互联网络，创建出一个人类生命体之外的个人意识、记忆、思想、信念、态度、情感和社会价值观的综合体。这种综合体从某种意义上来讲是人类有机体的数字克隆。试想一下，如果一个机器人的软件和存储设备中装入了一位伟人，或者一位家族中睿智可亲的

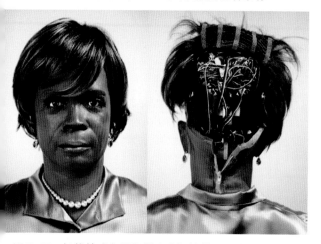

图 7-15　智能情感意识机器人比娜的前后面分解照片

老祖母的思维记忆档案，是不是就如同冷冻保鲜了这个生命体中活生生的人格内涵，是不是就如同保留了一个人的灵魂。这样，当这个所谓的伟人或者德高望重的老祖母的有机生命结束后，仍然可以通过"思维记忆档案"再现出这位伟人或老祖母的人格、思维和智慧来。而且，通过互联网络，他（她）们仍然在学习和积累，仍然在与时俱进，可以说他们的生命仍然在以另一种方式延续。于是，很多年后的人们还可以通过交谈来感触这位伟人或老祖母的经验、情感和思想，甚至人格。可以想象，总有一天英国杜莎夫人蜡像馆里陈列的不再是冷冰冰的蜡像，而是具有思想、个性和独特思维的先贤智能机器人。

7.4.3　混合辅助肢体哈尔（HAL）

　　日本筑波大学的山海嘉之教授是一位著名的发明家，他从小就喜欢读《我，机器人》、《人造人 009》这样的科幻小说。在小学的一次科学课上，电流通过青蛙腿部引起肌肉和神经的抽搐作用，给他留下了很深的印象。从那时起，他就怀着极大的兴趣开始思考人与机器之间的关联，尤其是机械装置如何增强人类行动的各种方式。在读大学三年级时，他看到不少学生受伤瘫痪后难以移动，就开始迷上机器人并产生发明外骨骼机器人的设想，立志要使这种新型机器人为人类提供支持和帮助。1997 年，山海教授开始研制混合辅助肢体哈尔（HAL），也被称作外骨骼机器人的装置。

　　如图 7-16 所示，混合辅助肢体哈尔，是一个将人体、机械和电子数据信息巧妙集合为一

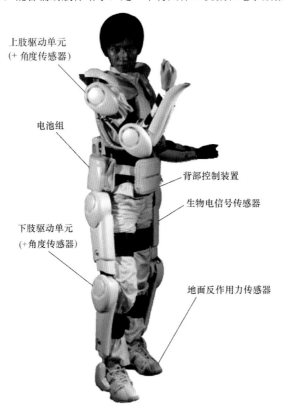

上肢驱动单元
（＋角度传感器）

电池组

背部控制装置

生物电信号传感器

下肢驱动单元
（＋角度传感器）

地面反作用力传感器

图 7-16　混合辅助肢体哈尔的结构分解图

体的机电型外骨骼机器人，可使穿戴者的身体机能得到支持、改善和增强，以帮助残障病人的移动行走、伤残人员的康复训练，以及作战士兵的增加负重、节省体能等。

混合辅助肢体哈尔的作用原理基于一个普通的现代生物电子学原理，其过程分为 4 个步骤，如图 7-17 所示。

第一步，当一个人产生试图走动的意念时，大脑首先发送必要的生物电子信号（BES），通过运动神经元传递到相应的运动肌肉部位。

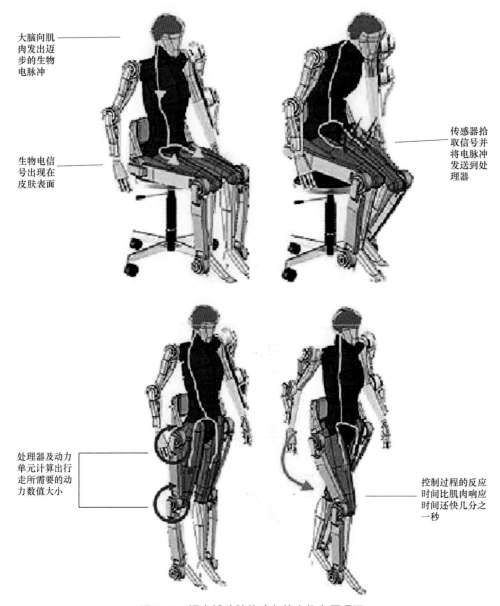

大脑向肌肉发出迈步的生物电脉冲

生物电信号出现在皮肤表面

传感器拾取信号并将电脉冲发送到处理器

处理器及动力单元计算出行走所需要的动力数值大小

控制过程的反应时间比肌肉响应时间还快几分之一秒

图 7-17　混合辅助肢体哈尔的生物电原理图

第二步，对于正常的人体来讲，能够迅速接到大脑发出的生物电信号并产生如期的下肢或上肢动作。

第三步，这种看似平常的生物电信号，因为强度非常微弱，只有微伏级别，因而只能通过专门研制的检测装置探测透过皮肤的生物电信号，并读取和分析各种信号所包含的信息，鉴别出穿戴者的真实动作意图。

第四步，根据生物电信号所识读出的移动形式，混合辅助肢体的机电控制操作系统协助穿戴者开始动作，并在此过程中通过机电装置增力获得比穿戴者自身更大的动力，如图 7-18a 所示。据介绍，穿上混合辅助肢体哈尔后，通常能使穿戴者的力气增大 2 到 10 倍。因而使老人和伤残者也能够进行一些原本不可能进行的活动，如图 7-18b 所示。

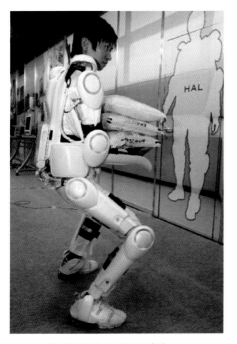

a) 混合辅助肢体哈尔的负重实验

b) 混合辅助肢体哈尔帮助人上下楼梯

图 7-18　混合辅助肢体哈尔的增力作用

山海教授还开发出一种高级软件控制技术，这种控制技术组合集成了两种不同的系统工作模式。一种是遵循佩戴者意愿，通过读取生物电信号并带动肢体移动的自主控制系统；另一种是在电信号缺失的状态时，仅仅复制人们通常移动形式的自动控制系统，使混合辅助肢体能够提供更加细致、适用性更强的服务。最后，混合辅助肢体哈尔不仅移动了人体的肌肉，而且重建了大脑发出移动身体电信号的全过程。例如，走路的感觉，我能行走的意识等，并反馈给大脑。通过这个过程，大脑变得能够学习，并导致残障人员在经过适当训练后，最终脱离混合辅助肢体而自主行走。

让人期许的是，随着机器人服务的逐步完善，它除去能够帮助残障人士行走，伤残人员康复训练，灾难现场的协助救援，士兵作战中背负更多的作战物资外，完全有可能进入更多

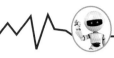

的服务领域，如人的形体塑造、舞蹈训练，甚至还能够帮助人们去学习中国的传统武术、太极拳等。

7.4.4 洗头机器人

如图7-19所示，日本松下公司研发了一款智能洗头机器人。这个机器人具有一些独特的本领，能够复制一个熟练理发师的动作，清洗、按摩人的头发和头部，给老年人和行动不便的人提供周到的服务。

图7-20展示了洗头机器人的主要功能部件，分别由水盆，左半部、右半部可伸缩旋转机械臂和控制电脑，可调节理发椅等组成。其两个半部的伸缩旋转机械臂装有多种传感器，能够通过三维立体技术对每个客户的头部形状进行扫描，建立起个性化的立体三维模型，并由此来控制左右机械臂上的柔性乳突状手指，按照头部的不同部位采取相应的揉洗、按摩动作，以及舒适恰当的揉洗力度和按摩压力。

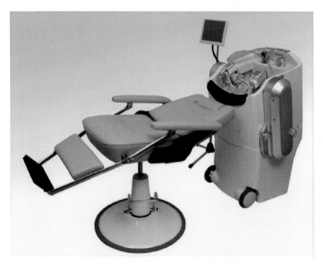

图 7-19　洗头机器人全景图

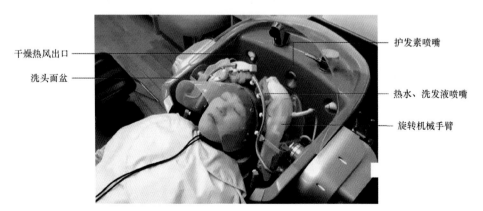

图 7-20　洗头机器人结构分解图

如图 7-21 所示，智能洗头机器人共有三组手指，分别安装在左右两个旋转机械臂和后颈部。每组共有 8 个柔性乳突状手指以及 3 个独立的驱动电动机。手指采用特殊的机械联动装置，可通过三维压力控制技术使 24 个手指与客户各异的头部形式进行匹配和压力微调，并控制洗头过程的摇摆、按压和按摩的动作，以达到最佳的揉洗、按摩效果。

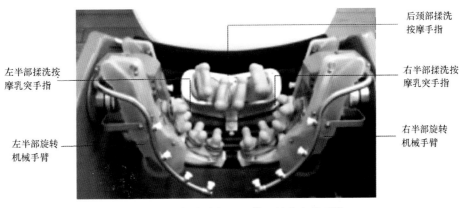

后颈部揉洗
按摩手指

右半部揉洗按
摩乳突手指

右半部旋转
机械手臂

左半部揉洗按
摩乳突手指

左半部旋转
机械手臂

图 7-21　智能洗头机器人的柔性乳突状手指

智能洗头机器人的洗头过程分为 4 个步骤，分别如图 7-22a ～图 7-22d 所示。第一，旋转机械手臂接近头发，喷头喷出热水使头发柔软疏松。第二，喷上洗发液，24 个乳突状手指进

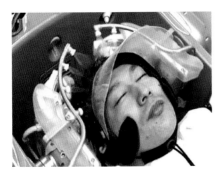

a) 第一步：喷出热水使头发柔软疏松

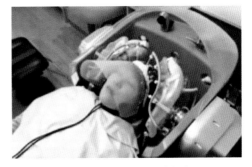

b) 第二步：喷上洗发液揉洗

c) 第三步：热风吹干头发

d) 第四步：个性化的头部按摩

图 7-22　洗头机器人洗头的 4 个步骤

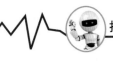

行舒适地揉洗、抚摸和挤压并冲洗净洗发液。第三，护发素喷嘴中喷出雾状的护发素，均匀分布在头发表面，手指对头皮进行按摩护理，最后冲洗干净护发素。第四，热风出口吹出热风，一边使头发干燥，一边开始轻松地头部按摩，最后对头发进行整理，完成一个洗头的全过程。通常，智能洗头机器人洗涤、冲洗和按摩头皮需用 3 分钟，调节和吹干头发需用 5 分钟。在洗头完成后，智能洗头机器人还会将客人的头形和按摩力度大小、速度快慢缓急等数据保存在电脑里，以备下一次使用。在智能洗头机器人上还配备有先进的触控面板，客户可以指定现场清洗、按摩压力和洗涤模式，以满足个性化的洗头需求。

7.4.5 辅助医疗机器人卡斯帕 (KASPAR)

智能机器人的技术特点也非常适合应用在医疗护理和精神疾病的辅助治疗过程中。英国赫特福特大学的研究小组开发出一款对儿童自闭症有显著辅助治疗作用的智能机器人卡斯帕，如图 7-23 所示。

自闭症（也称孤独症）是一种在一定遗传因素作用下，受多种环境因素影响导致的终身发育性疾患，人群中通常有 1% 的人患有自闭症。

自闭症儿童主要表现为社会交往障碍、语言交流障碍、兴趣狭窄和刻板重复的行为方式。而智能机器人在强大的软件、硬件的支持下，利用自身亲和力的作用，能够对自闭症儿童进行长期稳定的智能性辅助治疗。智能机器人可以没有情绪，不知疲倦地训练和培养自闭症儿童人际沟通和社会交往的能力。正是基于这些长处，辅助医疗机器人卡斯帕能够在治疗中起到积极和显著的作用。

图 7-23 辅助医疗机器人卡斯帕照片

图 7-24 是辅助医疗机器人卡斯帕的分解照片。具有与人类相类似的相貌和运动方式，盘腿而坐，有一张生动、有张力、中性的卡通娃娃脸。而这张具有一定逼真度的儿童友好型的脸谱，是通过大量的实验测试后确定的，从而避开了所谓的机器人外形逼真程度的"恐怖谷"曲线。

研究表明，在一定的感知范围内，如果机器人看起来太过逼真反而会令人不安。辅助医疗机器人卡斯帕具有最低限度的人的特征，其外观、大小、姿势和服装均具有"儿童友好"的特色，让自闭症儿童饶有兴趣地把辅助医疗机器人卡斯帕当成玩具来操作，而不是一个需要警惕和防范的同伴或成年人。愉快的游戏体验，有助于自闭症孩子逐步克服交往过程的障碍，逐步纠正其偏执恐怖的行为方式和习惯。

辅助医疗机器人卡斯帕的头部和颈部有 8 个自由度，胳膊和手有 6 个自由度。眼睛里装有摄像头并有 2 个自由度。眼皮能够以不同的速度闪烁，嘴唇可以配合身体的活动而改变口

形，表达微笑或沮丧的细微表情。头面部和手部采用特殊的硅基橡胶制成。整个机器人被支承和固定在一个铝框架上。

眼睛可以平移和倾斜，相互凝视，共同关注

嘴唇和口能够打开或关闭并变化嘴形

眼皮可以不同的速率闪烁

躯干可以打开，表明它经历"高兴"或"不愉快"的状态

图 7-24　辅助医疗机器人卡斯帕结构分解图

　　研究发现，自闭症儿童的诸多问题常常与触摸和被触摸关联在一起。因此，辅助医疗机器人卡斯帕采用了一种触摸感与人体非常相似的机器人皮肤的材料，在手、脚、胸部、手臂和脸颊皮肤下嵌入了触觉传感器，并用新开发的算法来检测不同类型的触摸。通过自闭症儿童"皮肤触觉"的建立来发展他们的身体意识和自我意识。例如，图 7-25a 和图 7-25b，辅助

a) 辅助医疗机器人卡斯帕流露出的痛苦表情

b) 辅助医疗机器人卡斯帕表现出欢快的表情

c) 辅助医疗机器人卡斯帕引导患儿演奏乐器

d) 辅助医疗机器人卡斯帕在与患儿互动

图 7-25　辅助医疗机器人卡斯帕在训练和提高自闭症儿童的沟通能力

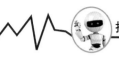

医疗机器人卡斯帕能够帮助自闭症儿童训练和提高与其他人互动的技巧和能力。自闭症的儿童可搔辅助医疗机器人卡斯帕的肚皮和脚底板，并可观察在辅助医疗机器人卡斯帕脸上所流露的高兴、欢愉等复杂表情，听到辅助医疗机器人卡斯帕说"痒"并发出笑声。当孩子粗暴地打击、掐拧辅助医疗机器人卡斯帕时，辅助医疗机器人卡斯帕会说"痛"，并扭过身子，双手挡住脸，做出受伤害的表情。

通过这些类型的互动、教育和引导，辅助医疗机器人卡斯帕能让自闭症儿童在心理上感到安全，没有压力，因而很容易产生进行互动交流的冲动。并通过头、身躯和手势的活动和表达，开展人际交往和沟通协作的游戏，如图 7-25c 所示。通过眼睛的平移和倾斜，支持与自闭症儿童的目光交换、交流和互通等，如图 7-25d 所示。

辅助医疗机器人卡斯帕能够通过蓝牙 WIFI 无线技术与计算机连接并进行远程控制和操作。可以由实验师、治疗师、家长以及孩子自己进行各种游戏。模仿人类的表情和扭转身体或者吐出舌头，使自闭症儿童可以更好地理解与人交往过程中各种表情和动作，促成孩子自主地开展游戏，发展自身的技能。可见，辅助医疗机器人卡斯帕在改善自闭症儿童的行为和社会活动技巧中表现突出，为人类心理疾病的治疗开辟了一条新的途径。

7.5 智能手术机器人

说起来像是有一个共同的特点，各个领域应用的机器人都是想象或科幻的虚拟原型先于实际的机器人。对于智能手术机器人也不例外。最早于 1939 年，雷蒙德的短篇小说《马森的秘密》里，已经出现显微手术工具的情节。而美国科幻小说家菲利浦·蒂克发表于 1955 年的短篇小说《战争老兵》中，已经有机器人外科医生灵巧操作手的大胆想象。而此时距离第一个手术机器人彪马 560 在手术临床上的出现，提前了整整 30 年。

7.5.1 智能手术机器人的原理和分类

从某种意义上来讲，智能手术机器人是介于医生和病人之间的手术交互媒介，也是手术医生技能和直觉的拓展和延伸。智能手术机器人借助于计算机手术控制技术，完成手术规划、微创定位操作、假体移植、无损伤诊疗、模拟靶点运行、药物注入和新型手术治疗等方面的工作。因此，作为交互媒介的手术机器人就像是一面玻璃墙，看似分离实则更为紧密、更为透明地将医生和病人联系在一起。手术机器人通常由具有人机交互界面控制计算软件的系统 A 和拥有手术和监控硬件的系统 B 组成，如图 7-26 所示。系统 A 是人机接口和控制器。系统 B 是执行装置、内视镜设备、手术工具和导航设备的集成组合体。系统 A 从手术医生处接收指令或信息，经过处理后再输出给系统 B；系统 B 除接收信息并操控手术器械外，还输出手术过程的即时图像、作用力矩和温度等信息。在医生与病人的手术交互中，无论是系统 A 还是系统 B，都会产生对应的控制交互循环，即从"手术医生—系统 A—系统 B—手术医生"的第一种循环（SAB 循环），和从"手术医生—病人—系统 B—手术医生"的第二种循环（SPB 循环）。对于第一种循环，手术医生将手术意图和指令作用于系统 A，由系统 A 再输出控制信号和指令给系统 B。系统 B 依据控制信号正确地完成手术动作并将新的信息反馈给医生。于是，手术医生通过第一种循环，拓展了因空间和距离而受限制的手术能力。而对第二种循环，

主要是手术医生与病人之间的直接交互循环，这种交互循环更多地依赖于手术医生的经验和技能。因此，根据手术机器人在第一种（SAB）和第二种（SPB）循环中所起到的作用和所占有的比例，又可将手术机器人分为三种类型，监控型手术机器人、共享型手术机器人和远程遥控手术机器人。

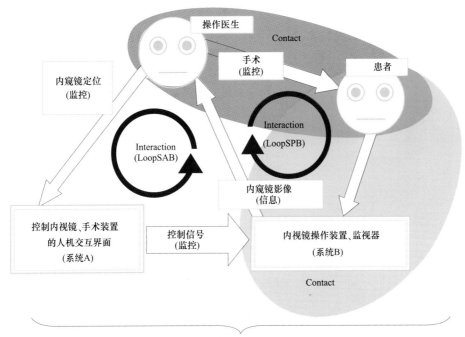

图 7-26　手术机器人两种控制循环流程示意图

7.5.2　监控型外科手术机器人

又称作计算机辅助外科手术机器人，是目前自动化程度最高的手术机器人。其过程主要是上面所描述的第一种循环（SAB 循环）。外科医生通过 3D 虚拟手术建模技术策划手术的全过程。然后在病人身体上精确地执行手术。手术医生术前必须做大量的准备工作，预先制定出一系列手术机器人应遵循的数据指令，然后转换成机器人的执行动作，最终完成手术的全部操作。在手术过程中，手术机器人系统无法对可能出现的错误或不按规划执行的动作做出调整，医生必须即时地监控机器人手术的全过程，随时准备介入。图 7-27 就是这类机器人在临床上最常见的一种，被称作全髋关节置换智能手术机器人罗伯道克（ROBDOC）的手术流程图。

全髋关节置换手术机器人罗伯道克由术前规划工作站（ORTHODOC）和辅助手术工作台（Robodoc Surgical Assistant）串联组成。其手术过程分为术前手术规划，虚拟骨骼图像与真实骨骼的配准，以及手术实施中的控制导航三个步骤。所谓术前手术规划，就是首先使用计算机断层扫描成像技术或者磁共振成像技术（CT 或者 MRI）对臀部髋关节进行扫描并取得数据。

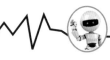

2) 术前规划工作站

3) 辅助手术工作台

1) CT或MRI扫描成像

4) 前所未有的手术精度

图 7-27　全髋关节置换智能手术机器人罗伯道克的手术流程图

　　第二步，如图 7-28 所示，将数据输入术前规划工作站。利用站内的三维建模技术，生成三维立体的病人关节虚拟图形。手术医生就此详细了解病人关节骨骼的各种特异性状况，查看立体股骨关节的各向解剖图像，确定骨质密度和股骨机械轴线。最终手术医生根据手术要求和自身临床经验合成出"虚拟手术"方案以及髋关节置换手术所涉及的股骨铣孔、磨削平面等切割数据，从而获得最佳的置换假体的选择和最佳的配合和对准。

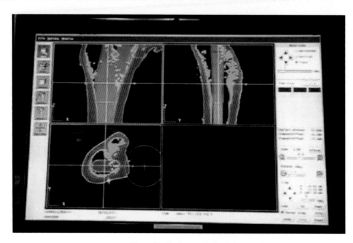

图 7-28　三维立体的病人关节虚拟手术方案

　　第三步，对需要进行手术置换的病人股骨的物理位置进行定位标识，并将虚拟的三维股骨图形与手术过程病人实际的骨骼进行配准。

　　第四步，如图 7-29 所示，将三维虚拟化的关节信息输入辅助手术工作台内的计算机里，即可在手术医生的监控下，开始由手术机器人完成精密和准确的髋关节置换手术。其手术精度能够达到 0.4mm（毫米），远远小于传统医生手工进行此类置换手术的误差，并且在减少研磨骨腔尺寸、移植假体的贴合、填充以及减少下肢不等长、术中骨折等临床手术危险上，都有很好的表现。

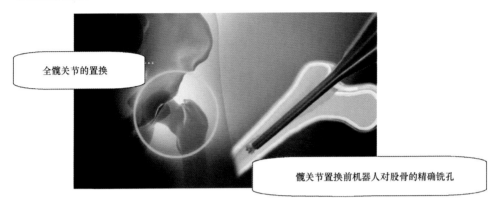

全髋关节的置换

髋关节置换前机器人对股骨的精确铣孔

图 7-29　髋关节置换手术的股骨磨洗与假体移植

7.5.3　共享控制外科手术机器人

　　这种智能机器人在手术中主要起到辅助的作用，手术过程大部分工作由医生操控完成。属于前面谈到的第二种循环（SPB 循环）在手术中所占比例较大的一类。在这种系统中，外科医生必须操控手术器械，而手术机器人系统监控医生的操作，并通过手术机器人的主动约束，提供和支持相关手术尤其是脑神经外科手术的准确性和可靠性。

　　所谓主动约束，依赖于对病人手术区域定义的四种可能性：安全区域，允许接近区域、边界区域和禁止区域。在手术开始前，手术医生要做大量的术前准备，确定手术机器人操纵的手术器械，必须在人体内的安全区域或者允许接近区域。而对于所谓的边界区域和禁止区域，则严格禁止机器人操纵的手术器械涉及，以确保手术的绝对安全性，如图 7-30 所示。然而，即使在允许接近区域的边缘也很容易损伤到软组织。因此，当医生操作机器人接近这种区域边缘时，手术机器人会自主地推回手术医生的相关操作。甚至在某种特殊情况下，手术器械到达禁止区域时，手术机器人系统将实际被锁定，防止产生进一步的伤害。共享控制系统最理想的应用是脑外科手术或者整形手术。加拿大卡尔加里大学研制的智能脑神经手术机器人涅罗昂（NeuroArm），在这些方面处于领先地位。

　　智能脑神经手术机器人涅罗昂由术前规划站、术中工作站和手术操作台组成。图 7-31 是手术操作台实景，有两个机械臂，每个均有 7 个自由度。配备有 2 部相机，为手术医生提供三维的立体图像。智能脑神经手术机器人涅罗昂具有很高的安全特性，比如过滤医生手部的颤抖，设置失效安全开关和力反馈传感器等。在术前规划时，能够结合图像信息以及手术标记，设置手术安全区域，允许接近区域、边界区域和禁止区域的边界，避免和防止意外动作对病人产生的伤害。

　　与一般神经手术机器人不同的是，智能脑神经手术机器人涅罗昂增加了即时磁共振扫描成像设备，可以在手术过程中实时精密细致地观察手术的状况，因而大幅度提高了脑神经外

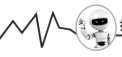

科手术的安全性和精确性。通常，最好的手术医生的手术操作精度在 1 ～ 2mm（毫米），而智能脑神经手术机器人涅罗昂的手术精度可到达 0.05mm（毫米）。

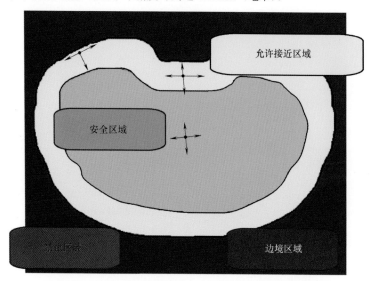

允许接近区域

安全区域

边境区域

图 7-30　共享控制外科手术机器人主动约束的 4 种类型

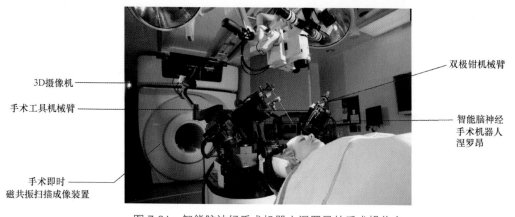

3D摄像机

手术工具机械臂

手术即时
磁共振扫描成像装置

双极钳机械臂

智能脑神经
手术机器人
涅罗昂

图 7-31　智能脑神经手术机器人涅罗昂的手术操作台

7.5.4　远程遥控手术机器人

远程遥控手术技术出现在 20 世纪 40 年代。它的前奏与美国小说家罗伯特 . 海因莱因的一篇科幻小说有些关联。小说中的主人公金都从小孱弱多病，甚至无力举起自己的手臂。于是有人给他安装了一个手套型的甲胄装置。通过简单地移动手指，就能控制一个强有力的机械手臂，从而能够像正常人一样生活。小说发表的八、九年后，这种由线缆连接的遥控技术就在现实世界里得到发展。20 世纪 50 年代，第一个具有临场感的机器人手臂被研制出来。

远程遥控手术是指手术医生在没有与病人直接接触的位置和空间，操控手术机器人进行的微创手术。此种外科手术机器人实际上是手术医生手臂和技能的延伸，即由医生实际控制和操纵手术机器人的相应动作来完成手术。也就是说，传统外科手术的医生与患者零距离接触的手术模式，被转换成为不受距离和空间限制的医生 - 虚拟图像 - 患者的三元临场感的外科手术界面。即前面提到的第一种循环（SAB 循环）的手术模式。同时，由于手术机器人自身的机电一体化、微型化技术的优势，使这类机器人在各类临床手术中都有突出的表现。图 7-32 所示达芬奇远程手术机器人即是这方面的代表。

达芬奇远程手术机器人由四部分组成：

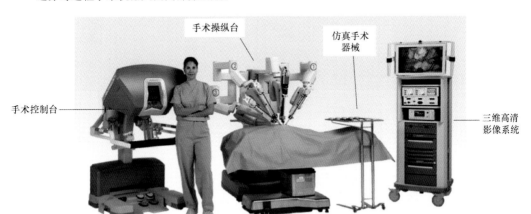

图 7-32　达芬奇远程手术机器人四部分全貌

1）手术控制台，如图 7-33 所示。按照人体工程学原理设计的手术控制台是整个达芬奇远程手术机器人的神经中枢，由计算机、三维立体显示器、左右侧操纵手柄、脚踏组合开关以及输出设备组成。手术医生通过计算机、立体显示器以及左右侧操纵手柄等交互链路操纵和控制手术操纵台上的仿真手术器械和立体腔镜系统，进而在病人体内的不同位置完成各种类型的微创手术。

达芬奇远程手术机器人设置两个独立的立体显示器窗口，每个都连接一个二维光纤高分辨率摄像机通路，如图 7-34 所示。手术医生通过双眼，可观察到一个虚拟、放大的三维立体图像。手术医生使用最灵敏的拇指和食指，扣入位于显示器下方的左侧或右侧操纵手柄的指环中，来远距离操控仿真手术器械，如图 7-35a 所示。当手术医生移动左侧或右侧操纵手柄时，计算机则向对应的仿真手术器具发出一个电子信号，使其与手术医生的手部运动同步进行。一个电子频率过滤器能够滤除医生手部大于 6 Hz（赫兹）的抖动。图 7-35b 显示仿真手术器械的电子运动缩放装置按 5：1 的缩小比例将医生的手部运动再现到仿真手术器械的实际运动上。手术医生还可在手术过程中，使用脚踏控制板上的开关完成内视镜的控制、调焦、离合以及电凝等相关操作，如图 7-36 所示。

2）手术操作台，如图 7-37 所示。这部分系统组件的基本功能是固定和支撑器械臂和持镜臂，并按照手术的要求，精确地进行定位。3 个器械臂的各个关节可以上下、前后、自由运动，上面装有直接探入病人身体内部的各种电子仿真手术器械，用于完成各种复杂的手术操作，并能够随时进行更换。持镜臂用来安装内视镜，手术医生在检视、观察或处理病人体内软组织时，几乎完全依赖于内视镜所提供的手术视野。内视镜系统可将内部组织的图像清

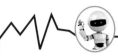

晰地放大 10～15 倍，平常肉眼无法看到的细小血管，通过内视镜和立体显示窗口以及高清影像系统都可以看得清清楚楚。另外，器械臂还具有计算机辅助位置记忆功能，更换仿真手术器械后器械臂可迅速复原到更换前位置。

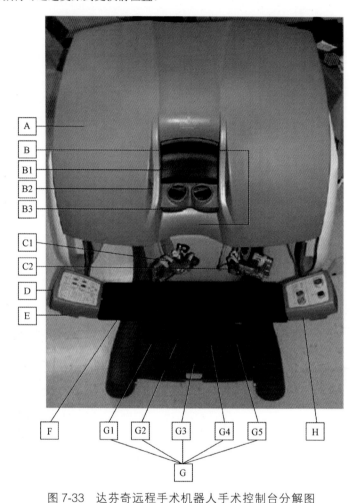

图 7-33　达芬奇远程手术机器人手术控制台分解图

A—手术医生控制台罩　B—显示窗部分　B1—头枕　B2—红外传感器　B3—立体显示窗口
C1—左侧操作控制手柄　C2—右侧操作控制手柄　D—窗口高度调节按钮　E—用户接口面板
F—扶手　G—脚踏组合开关　G1—离合器　G2—照相机控制　G3—照相机调焦
G4—空置　G5—凝血开关　H—用户开关面板

3）仿真手术器械，如图 7-38 所示。应用了早期麻省理工科研团队开发的低摩擦操纵机器手的线缆驱动技术，使仿真手术器械中的线缆类似于人类的肌腱，提供最大的响应速度，能够精确和快速地完成缝合、解剖和组织操纵等过程。手术器械模仿人类手腕的结构进行设计，为手术医生提供自然灵巧以及在小切口的狭窄空间内精确操作的能力。其精准度、灵活性和活动范围等方面超过人类的极限，比人类的手具有更多的自由度，如图 7-38a 和图 7-38b 所示。

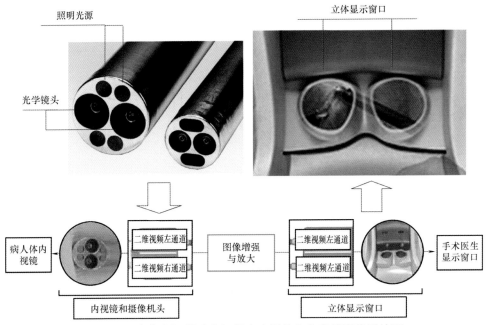

图 7-34　达芬奇远程手术机器人内视镜立体高清图像系统图

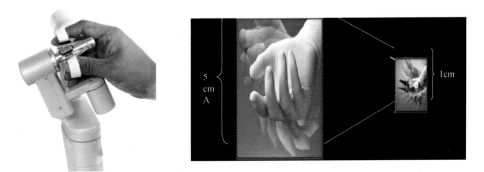

a) 右侧操纵手柄　　　　　　　　　　　b) 仿真手术器械运动缩放装置

图 7-35　达芬奇远程手术机器人的操纵手柄与仿真手术器械运动缩放装置示意图

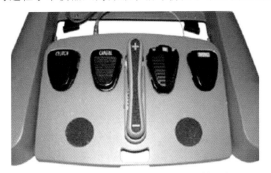

图 7-36　手术控制台底部的脚踏控制板

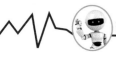

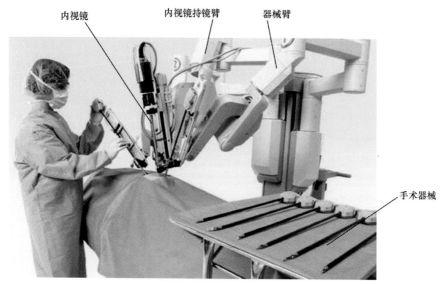

图 7-37　达芬奇远程手术机器人手术操作台

仿真手术器械有 7 个自由度，可以做出左右、旋转、开合、末端关节弯曲共 7 种动作，可作沿垂直轴 360° 和水平轴 270° 旋转，且每个关节活动度大于 90°。尤其在患者体内进行深部操作时，仿真手术器械的灵活小巧，与传统开放手术的人手操作相比具有更显著的优势。

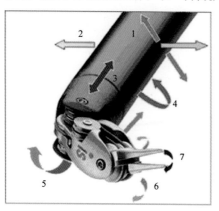

a) 仿真手术器械的7个自由度

b)人类手腕的6个自由度

图 7-38　仿真手术器械与人类手腕的自由度比较

图 7-39 为不同型号仿真手术器械的图片，分为 5mm（毫米）、8mm（毫米）直径两个系列，9 大类 43 个品种，可满足解剖、抓持、钳夹、缝合等各种类型手术操作的要求。

4）三维高清影像系统，如图7-40所示。三维高清影像系统配备有3D高清影像处理设备，能够提供手术过程细腻、逼真的即时影像。同时，也能使手术区域内的助理手术人员通过大屏幕监视器了解手术的可视化全过程，进而提高和改进自身的手术操作技能。另外，借助数码放大技术，无须移动内视镜即可将手术部位放大 10 ～ 15 倍，有利于更加精细的手术操作。

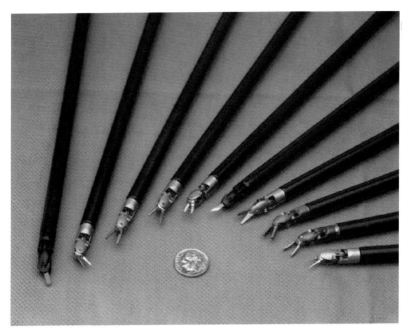

图 7-39　各种类型的仿真手术器械

图 7-40　三维高清影像系统

7.6 智能科考机器人

科学考察和研究的过程是严格、认真的，有时条件艰苦、环境恶劣，有时甚至面临生命的威胁。因此，科学考察和研究智能机器人在各种严苛的条件下，就显露出任劳任怨、一丝不苟的"英雄本色"来。下面将介绍几款在科学考察中被应用的智能机器人。

7.6.1 海洋冲浪科考机器人

图 7-41 是由美国立奎德机器人公司研制的海洋科考机器人，一种无人驾驶的水面移动冲浪板装置，不需要燃料、人力，也没有碳排放，巧妙地利用取之不尽的海洋波浪能和太阳能作为混合动力，就可以在世界海洋里周游几个月甚至几年。同时还能够在运行过程中，连续发送各种海洋数据，其应用的领域几乎涵盖与海洋有关的所有方面。

图 7-41　海洋冲浪科考机器人

对于海洋和大面积的水域来说，在有风、有潮引力或者两种不同密度的水质相对作用时，都能引起波浪。而波浪的运动或波形的向前传递，就具有相应的能量。海洋冲浪科考智能机器人正是利用这一点作为其自身的运动能量。

如图 7-42 所示，冲浪科考机器人由水面和水下两部分组成，水面部分是一个大小形状与冲浪板相似的浮板，工作时飘浮在水面上；水下部分为一个翼板，上有一组翅板和一根长约 6m（米）的脐链与上部的冲浪板连接。当海浪起伏时，海洋表面具有最大的波浪能，但随着深度的增加，波浪能迅速地下降。冲浪机器人利用这种从表面依深度递减的波浪能量差获得向前运动的推动力。当波浪上升时，冲浪机器人浮板水面部分整体上升，提升水下翼板上的翅板上翘，使冲浪板向上和向前运动；当波浪下落时，浮板主体下降，翼板上的翅板下翘，使冲浪板向下和向前运动。如此一次又一次地重复，冲浪机器人就在没有提供人工动力的情况下连续向前航行。2012 年 11 月，冲浪科考机器人创造了一项世界吉尼斯纪录，在短短的一年多的时间里，自主航行 14000km（公里），横跨从美国加利福尼亚到澳大利亚的太平洋。

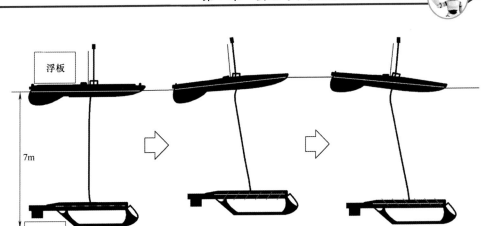

图 7-42　冲浪科考机器人运行原理图

　　冲浪科考机器人上装置有复杂航海电脑和有效载荷控制系统，有最先进的海洋传感器、主动雷达、多普勒流速计以及负载单元。传感器和计算机以及翼板上推进器所需的工作电能，由浮板表面装置的太阳能电池提供，如图 7-43 所示。到目前为止，冲浪机器人已成功在天气观测、海洋酸化、气象和海流数据的收集、海水温度、恶劣天气的预测和报警、海底油气勘

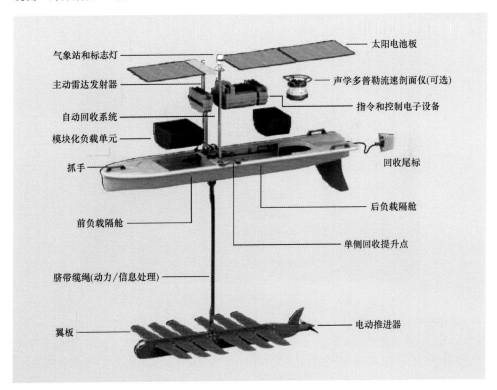

图 7-43　海洋冲浪科考机器人分解图

测、海洋生物的考察、地震海啸检测等方面，起到越来越重要的作用。2012 年 8 月，飓风"艾萨克"向美国路易斯安那州的新奥尔良袭来，飓风预报的最大挑战是准确地预测飓风的风速。冲浪科考机器人在此次飓风预报中提供了飓风中心宝贵的飓风强度的实时数据和资料，而在这种极端气象条件下，其他的科考探测方式都几乎不可能做到这一点，如图 7-47 所示。

7.6.2　火星探险机器人

智能科考机器人可以说是科学探险的前驱者和先锋兵。在人类许多重大科学探险中，都可以看到智能科考机器人的影子。尤其是在人类月球、火星的深空探险里，智能机器人更是担当起不可替代的重任。

1997 年 7 月 4 日，美国向火星发射了旅行者号飞行器，揭开了火星探险的序幕。

2003 年 6 月 10 日，美国航天局发射德尔塔 II 型火箭，所搭载的勇气号火星探险车经过 204 天的长距离飞行，于 2004 年 1 月 4 日成功着陆火星表面。

2003 年 7 月 7 日，于前一次发射间隔 27 天后，勇气号火星车的"孪生弟弟"——机遇号，也追随着勇气号的足迹，于 2004 年 1 月 25 日，成功登陆被称作红色星球的火星。

2011 年 11 月 26 日，美国航天局又通过擎天神 5 号发射火箭，将 900kg（公斤）重的好奇号火星探测机器人发射至火星，并成功降落于盖尔撞击坑的布莱德柏利地区。其使命是对火星的气象及地质状况进行科学考察，探测盖尔撞击坑内的环境是否曾经有过生命的痕迹，探测火星上的水存在和分布，研究日后人类踏上火星进行探索的可行性。火星车的命名是根据美国六年级华裔女学生马天琪的提议确定的。好奇号的体积是勇气号和机遇号大小的两倍，重量是后两者的五倍，如图 7-44 所示。

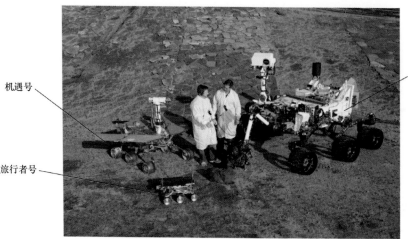

图 7-44　旅行者号、机遇号和好奇号火星探险车全家福照片

在好奇号上，装载有能够在火星上开展科学探究活动的各种高科技仪器和设备。如避险相机、导航相机以及化学相机等。4 个角落各安放一对避险相机，每个有 120° 的视野，能够防止好奇号意外撞上障碍物，并在软件的帮助下，实现一定程度上的自主行走路线的确定。两个导航相机放置在桅杆上，可以辅助地球上的控制人员规划好奇号的行动线路。而化学相机则利用高能激光从 7m（米）远处将分析目标气化，来检测其中的化学成分。同时，好奇号

上还有动态中子返照设备，用来寻找火星环境中的水分子；阿尔法粒子 X 射线分光仪，用来监测火星岩石中的微量成分，并且能够非常敏感地检测出硫、氯、溴与盐的生成物，进而判断是否与水发生过作用，如图 7-45 所示。

图 7-46 是好奇号上一个功能强大的机械手臂的分解图。其机械臂可伸出 2.3m（米），能够 3 段折叠，具有 5 个自由度。臂端有一个能够在 350° 范围内旋转的十字体转台，上面装置

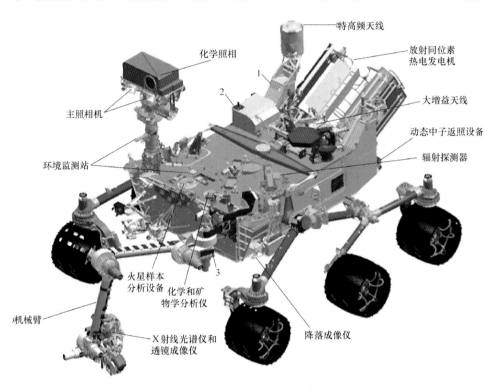

图 7-45　好奇号火星探险车分解图

a) 好奇号的机械臂　　　　　　　　b) 好奇号机械臂的内部结构图

图 7-46　好奇号机械臂的分解图

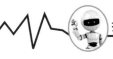

有 5 台现场接触式监测仪器和取样设备。分别是用在岩石分析的 X 射线光谱仪、手持透镜成像仪。3 个取样装置是地表岩石取样钻、清理刷和取（铲）样装置，能够自动对岩石和土壤样品进行钻孔、取样、筛选和分析的工作。

7.7 智能军用机器人

智能军用机器人最早出现在科幻小说里，是人类伸张自己统治欲望的直白表现。而军用机器人的发展又几乎与机器人的发展和兴起同步。最早的军用机器人可追溯至 19 世纪末的电学大师特斯拉。他在 1898 年发明了无线电遥控船，从此将机器人的触角扩展到军事领域，并拉开军用机器人发展的序幕。无线遥控船的模型如图 7-47 所示。

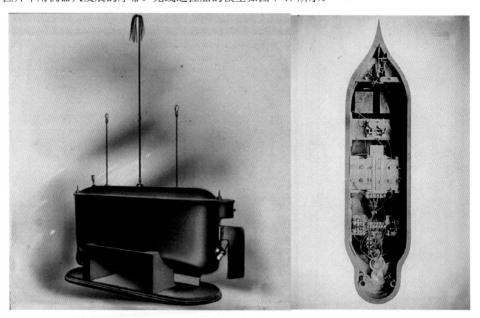

a) 遥控船外形　　　　　　　　　　　　　　　　b) 遥控船内部结构

图 7-47　特斯拉发明的无线遥控船

20 世纪 30 年代直到第二次世界大战期间，前苏联开发出一种名叫远程坦克（Teletank）的遥控无人驾驶作战机器，在 500～1500m（米）的距离内使用无线电进行控制。图 7-48 显示这种无人驾驶坦克在战场上的情景。远程坦克上装备了机关枪，火焰喷射器、烟幕弹等作战装置。在苏联反法西斯卫国战争中，至少有两个营的远程坦克参加了战斗。

同样，在第二次世界大战期间，纳粹德国也设计了一款被称作"巨人"的遥控作战爆破车，通过脐带电缆和远程控制箱进行控制，如图 7-49 所示。由于在实际战斗中脐带电缆常常被炮火炸断，甚至被盟军士兵用铁锹砍断，因而巨人在战争中并未起到重要作用。按照原定设计，巨人能携带 60～100kg（公斤）高爆炸药，主要用于摧毁敌方坦克、炸毁建筑、桥梁和扰乱集群步兵作战等。

图 7-48　前苏联遥控远程坦克

图 7-49　二战中德国的遥控坦克

随着现代科技的发展，军用智能机器人的触角已从地面延伸到空中和水下。因此，军用智能机器人通常分为三类，即地面智能军用机器人（UGV）、水下智能军用机器人（UUV）和空中智能军用机器人（UAV）。

7.7.1　地面军用后勤机器人——大狗

在我国古代成语中，有兵马未动，粮草先行的说法。表明辎重供给在战争中的重要作用。

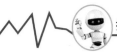

在1800多年前的三国时代，聪明的诸葛亮就发明出"木牛流马"来解决前方将士粮草弹药接济的难题。现在，美国谷歌公司所收购的波士顿动力公司就借助于最新的科学技术，打造出现代版的"木牛流马"来。

图7-50就是美国波士顿动力公司研制的大狗（BigDog）军用后勤机器人项目，即腿型运输搬运装置。目的是减少或完全承担士兵作战时背部的负重。其主要作用是能够跟随士兵移动，将作战物资运送到作战车辆无法到达的复杂作战区域。大狗军用后勤机器人具备多达150kg（公斤）的承载能力，为交通不便地区作战的士兵运送弹药、食品和其他作战物资，同时也用于记录与存储移动过程所收集的各种战场情报。大狗军用后勤机器人长为1.1m（米），高为1m（米），重量为109kg（公斤）。动力来自一部带有液压装置的15马力的汽油发动机。每小时的行进速度能够到达7km（公里），攀爬35°的斜坡。

a) 大狗军用后勤机器人

b) 阿尔法大狗军用后勤机器人

图7-50　大狗军用后勤机器人照片

7.7.2　水下军用机器人

　　1966 年，美国海军使用科沃—Ⅰ型缆控水下机器人潜至 880m（米）的海底，成功地打捞起一枚因飞机失事而遗落海底的氢弹，成为当时轰动一时的新闻。并就此让人们看到水下机器人的军事价值。图 7-51 即为科沃—Ⅰ型缆控水下机器人。

　　水下军用机器人也称作无人水下航行器，是指用于水下侦察、遥控、猎雷和作战，并可以回收重复使用的小型自航式水下载体。这是一种以潜艇或水面舰艇为支援平台，可长时间在水下自主远程航行的无人智能小型武器装备平台。通常又将无人水下军用机器人分为两大类，一类为有缆水下机器人，也称作遥控潜水器（ROV）；另一类为无缆自主水下机器人，也称作自主式水下航行器（AUV）。

图 7-51　科沃—Ⅰ型缆控水下机器人

7.7.3　自主水下军用机器人（AUV）——蓝鳍金枪鱼

　　自主水下军用机器人是一种综合了人工智能和其他先进计算机技术的水下任务控制器，其研究与应用起始于 20 世纪 60 年代初期。20 世纪 90 年代后，随着计算机技术、人工智能技术、卫星导航、微电子、网络信息技术、传感器等技术的发展，自主智能水下机器人已逐步走向成熟，并发展成为一种海上作战能力的倍增器。甚至有人认为，在未来海战中，自主智能水下机器人将能够起到水下武器平台、水下信息平台和后勤支持平台的作用。它既可用于探测水下静止目标，即用于海底测绘、情报、监视和侦察、水下障碍物搜索定位等；也可用于布放水声对抗器材、水下传感器、声呐浮标等；还可用于探雷、猎雷和灭雷等军事任务。美国蓝鳍金枪鱼机器人公司生产的系列水下军用机器人在这些方面有着比较明显的技术优势。

　　蓝鳍金枪鱼水下机器人采用了多种导航手段，主要有超短基线和长基线、罗经与声学测速仪组合、惯性导航与多谱勒组合、全球定位系统（GPS）组合等多种导航手段，应用高精度导航元器件和组合导航技术使导航精度大大提高，已由航程的 1% 提高到 0.11%。同时，还具有很强的海上侦察和测量能力，辅助通信、导航和潜艇跟踪以及作战特征的循迹能力。

　　如图 7-52 所示，蓝鳍金枪鱼通常由推进系统、通信系统、探测系统、控制系统等模块组成。航行器结构一般包括耐压结构和非耐压结构。耐压结构内主要放置电池、导航和控制等设备及传感器。非耐压结构保证水下机器人具有较好的低阻、低噪外形，确保航行的稳定性。控制系统包括底层动态控制和高层智能控制。底层动态控制用于控制水下机器人的航行状态和姿态，并对部分传感器进行控制。高层智能任务控制用于使命规划（包括航路规划）、任

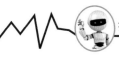

务规划（如局部避障规划）和作业规划（如探测敌方水雷雷区、侦察敌方兵力部署等）。智能任务控制器能根据自主水下机器人自身运行状态、能量消耗、分系统或负载传感器的输入信息，对执行的使命进行判断和任务重组。

a）蓝鳍金枪鱼的主要构成　　　　　　　　　　　　　　b）蓝鳍金枪鱼入水

图 7-52　蓝鳍金枪鱼自主式水下航行器

7.7.4　空中军用机器人——捕食者无人侦察机

空中军用智能机器人或称无人飞机，通常是指不需要驾驶员登机驾驶的各种遥控智能飞行器。在军事上多指用于执行侦察任务的无人侦察飞机。装备有武器的无人机又被称作无人驾驶作战飞机。可用于空中或地面对敌方的作战任务，也可执行空中对敌方飞机的格斗任务。

图 7-53 是美国通用原子公司生产并装备美国空军的 RQ-1 捕食者无人机。这是第一款大规模用于实战的无人空中机器人。最初其作战功能定位在远程中高度监视侦察上。在其后的使用中，又按照美国军方的意愿不断增加作战功能，使 RQ-1 捕食者无人机使用精确制导武器，能够执行攻击地面或空中目标的任务，并逐步发展出具备一定的隐身作战功能。也就是说，其功能由最初的空中侦察发展到空中打击直至进行空战。

2002 年 12 月，伊拉克空军的一架米格—25 战斗机与一架美军捕食者无人侦察机在空中遭遇。战斗中，捕食者无人侦察机的地面操作人员和米格—25 战斗机上的飞行员均发现对方，并几乎同时发射了空空导弹。捕食者无人侦察机发射的青刺导弹被米格—25 战斗机发射导弹的红外信号所干扰，偏离了目标。而米格—25 战斗机发射的导弹却将捕食者无人侦察机击落。这是一场史无前例的有人驾驶战机与无人驾驶战机的空中交锋。

一个典型的捕食者系统包括 4 架无人机，一个地面控制系统和一个特洛伊精神 - Ⅱ 数据分送系统。无人机本身的续航时间高达 40h（小时），本身装备有 UHF 和 VHF 无线电台，以及作用距离 2704km（公里）的 C 波段视距内数据链。RQ-1"捕食者"无人侦察机的地面控制系统可将图像信息通过地面线路，或者通过特洛伊精神 - Ⅱ 数据分送系统发送给操作员。任务控制信息以及侦察信息图像由 Ku 波段卫星数据链传送。图像信号传到控制站后，可以转送全球各地指挥部门，也可通过一个商业标准的全球广播系统发送给其他的指挥用户，如图 7-54 所示。进而实时控制 RQ-1 捕食者无人侦察机，并实现战场状况侦察图片和视频图像的共享。RQ-1 捕食者无人侦察机可在粗略准备的地面上起飞升空，起飞过程由遥控飞行员进行视距内控制。

图 7-53　RQ-1 捕食者无人侦察机

图 7-54　无人空中机的地面操作室

7.8 从孙·悟空看机器人伦理的发展

7.8.1　从孙悟空看机器人的成长

说到智能机器人，自然让人想起我国著名古典小说《西游记》。这本成书于 400 多年前明代中叶的小说，与其说是神话小说，倒不如说是一部典型的中国式的科幻小说。因为小说中的主人公——孙悟空，就是一个典型的中国式的智能机器人。在它由石变兽，由兽变人的过程中，其思想和行为的皈依与演化，都蒙眬地预示着机器人以及机器人伦理发展的曲折过程。

"花果山正当顶上，有一块仙石。内育仙胞，一日迸裂，产一石卵，似圆球样大。因见风，化作一石猴。五官具备，四肢皆全。便就学爬学走，拜了四方。"也就是这个后来被叫作孙悟空的石猴，因畏惧生死之劫难，立志学一个"长生不老"，能躲过阎王煞君之难。便登筏南渡，一路剥了人的衣服，也学人穿在身上，摇摇摆摆，穿州过府，在于市中，学人礼，学人话。十数年间，访州过海，有缘得遇须菩提祖师，终于学得三大本事：一是学到"长生不老"之术，二是学得 72 般变化，三是学得"筋斗云"的独门绝技。于是便演绎出《西游记》中波澜变幻、百看不厌的神奇故事来。图 7-55

图 7-55　古典小说《西游记》的主人公——孙悟空

151

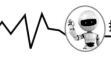

所示为大家所熟知的孙悟空的动画形象。

其实，细想一下，孙悟空与智能机器人有许多相像之处。第一、无论孙悟空还是机器人都属于不同于人类的非有机细胞类物体，孙悟空由所谓石头变成，而机器人则由金属或其他材料构成。第二、孙悟空与机器人有着相似的思维特点，即计算机思维。一是一，二是二，不会拐弯，更不会像人一样去变通。比如，无论白骨精怎样变化，也无论棒打白骨精后会有怎样的后果，就是在"《紧箍咒》颠倒念过20遍，可怜把个行者头，勒得似个亚腰儿葫芦"的状态下，依然举棒照着白骨精的头便打，至死不移。第三、孙悟空与机器人都有着由小变大，由简单变复杂，由顽劣变善良的演化过程。因此，无论从哪一点来讲，孙悟空都是一个活脱脱的机器人的形象，在它的身上有着很浓厚的智能机器人的烙印。孙悟空的成长和演化的经历，也就是智能机器人从弱到强，从初等到高级，从混沌到智慧的成长过程。

7.8.2　从孙悟空看机器人伦理学的发展

就像孙悟空的出世惹得所谓"天界"原有秩序发生种种变化和混乱一样，机器人和机器人技术在人类社会的大量应用，也必然引发广泛的社会变化和经济变革。与此同时，也必然强烈地反映到人类的思想、伦理和道德观上。这种影响是立体的、全方位的，自然而然地涉及人类灵魂深处的核心价值观。

第一，机器人起源于力学、自动化技术、电子学、计算机科学、控制论、人工智能等学科。并且广泛采用了2000多年来人类在物理、数学、逻辑学、语言学、神经科学、心理学、生物学、生理学、人类学、哲学、艺术、工业设计等学科的知识积累，共享和借鉴了这些学科和各跨学科之间应用的经验。因此，它几乎汇集了人类在相关领域的最重要的智慧，去完成人类历史上第一次复制一个镜像的"自我"，但同时又有异于"自我"的智能自动生物体。但有一点可以肯定，随着机器人所依托的各种技术的快速发展，尤其是计算机技术和信息技术的高速发展，在不长的时间内，人类所生产和制造的这个复制品的功能、技能和智能都不可避免地会超过人类自身。

第二，机器人是人类的镜像和复制品。从技术演化的角度，机器人就是人类自己。人类的意识、自由意志、自我觉醒、尊严感、情感、伦理意识、道德觉醒等诸多品质，也必然地由机器人设计者的构思，生产者的预设和消费者的偏好而熔铸在各个机器人的本体中。因此，机器人伦理学所涵盖的范围应该是人类伦理学的全部，它需要解决的首先是人类必须面对并亟待解决的各种伦理问题。说到底，机器人伦理学的建立和完善取决于人类对待机器人的态度、心理以及理性面对这个唯一外来异生共同体挑战的包容胸怀。

第三，人类对机器人的定位，从最初设想的做人类的奴隶，再到做人类的辅助智能工具，再到不远的将来在地球这个星体上成为与人类共存的合作者和同行者。在短短的不到一个世纪的时间里，机器人的定位就发生了翻天覆地的变化。这也预示着机器人技术正在以惊人的速度演化和发展着。同样的，机器人正从一个研究的平台和工具，快速地转换成为消费品和娱乐品。这些装有眼睛、配有人的声音、安装有手和脚、还有覆盖在电动机和齿轮上的人造皮肤，以及具备计算机大脑的机器人，越来越多地走进我们的学习、工作和生活，并将慢慢地变得比我们更聪明、更敏捷。因此，极端地排斥机器人犹如将头埋入沙石中的鸵鸟一样可笑，但不加预防地全盘接受机器人又犹如温水中被煮的青蛙一样危险。只有正视、接受并在全球范围里共同制定有关机器人的伦理法则，只有在设计、制造和使用过程中给机器人戴上

一个适宜、公平、有所约束和限制的紧箍咒，才是可取、明智和合乎理性的态度，也才是人类和机器人和平共处的恒久之道。"机器人伦理学"标示图如图 7-56 所示。

图 7-56　与人友好相处的"机器人伦理学"标示图

7.8.3　从孙悟空看人类与机器人的相处之道

机器人不是万能的，机器人也不代表永恒。人类是机器人演化过程的缔造者、设计者和完善者。因此，与在生态学领域中人类所面临的窘境一样，人类对待机器人的态度和心境始终未能跳出人类中心主义的约束。总是用一种不舍的心态来忧虑机器人的演化和发展，总是担心自己会有一天被机器人从人类中心主义的宝座上拉下来。其实，"上善若水，厚德载物"。人类应该放下身段，以博大的胸怀，以一种平和、包容、自我救赎的心态，接纳、认可和尊重机器人的发展。"己所不欲，勿施于'人（机器人）'。"以善制恶，以仁服劣，世界将因此变得更美好。而人类因为创造了机器人，也将变得更美好，更幸福。

2004 年 2 月 25 日，在日本福冈召开的世界机器人大会期间，与会者发表了三条对于新一代机器人的期望，称为世界机器人宣言。它指出：

1）下一代机器人将成为人类的合作伙伴，与人类共存。

2）下一代机器人将在身体和心理上帮助人类。

3）下一代机器人将有助于实现社会的安全与和平。

我们期盼着，全人类也期盼着。

第8章

简易仿生机器人的创意与制作

机器人一词的出现虽然距今不到百年，但人类希望制造出一种像人一样的机器来代替人类完成某种工作的心愿却已有几千年。据记载，我国西周时期，能工巧匠偃师就制作出了能歌善舞的伶人；《墨经》中也有鲁班制作木鸟在空中飞行"三日不下"的记载；汉代大科学家张衡发明了"记里鼓车"，每行 1 里，车上木人击鼓一下，每行 10 里击钟一下；三国时期，诸葛亮发明的"木牛流马"有着神奇的传说，"木牛流马"究竟是啥模样，一直令当代人仿制不休。

本章提供了一个简易仿生机器人的创意模型，它将引你步入机器人的世界，虽然简单，但通过它你可窥见机器人的奥妙。

8.1 简易仿生机器人的创意模型

创意模型是一种建构拼装式模型，既利用螺栓将某些组件连接起来建构成目标模型。它以仿生机器人为主题，可随意拼装。因此，一套材料可以拼装成很多种不同样式的机器人模型，当然也可以拼装成其他你能想象的任何模型。模型的运动由一个电动传动机构驱动。

8.1.1　组件

图 8-1 是组成机器人的基本构件，用它组成的机器人或许会存在某些缺陷，或者上述构件还不足以完成自己的创意设计，因此我们鼓励你自己设计制作一些新的构件，你可以用任意容易加工的材料，如薄的塑料板、硬卡纸、铁丝等，从而完成你心仪的设计。

8.1.2　传动机构

传动机构通常称作"机芯"，它起着传递运动和动力的作用。它主要由动力源和变速器组成。

（1）动力源

本传动机构采用的动力源为一个玩具电动机，型号为 F130（F 代表外形为扁形，"13"表示电动机转子的直径 mm，"0"表示转子极数为 2 极）。它的额定工作电压为 3V，额定电流为 0.2A，额定转速约为 12000（r/min）。电动机由 2 节 5# 电池供电。

（2）齿轮变速

电动机的转速很快，一般的玩具电动机的转速可达上万转 / 每分钟，而仿生结构的运动速度很低，一般为几十转 / 每分钟，因此从电动机到运动机构之间必须有一个减速传动机构。齿轮传动是一种最常用的传动机构。它是利用两齿轮的轮齿相互啮合传递动力和运动的机械传动。具有结构紧凑、效率高、寿命长等特点。

本变速器可实现 2、3、4 节减速，每节减速比为 3 倍，则 2 节减速后的转速为电动机的1/9 倍，转矩则为电动机转矩的 9 倍（理想状态）；3 节减速的转速为电动机的 1/27；4 节减速后的转速为电动机的 1/81。2、3、4 节减速如图 8-2、图 8-3、图 8-4 所示。

8.1.3　机器人的制作

首先做一个四脚机器兽模型。图 8-5 是它的装配图。初学者可以循着以下步骤来完成首个机器人制作。

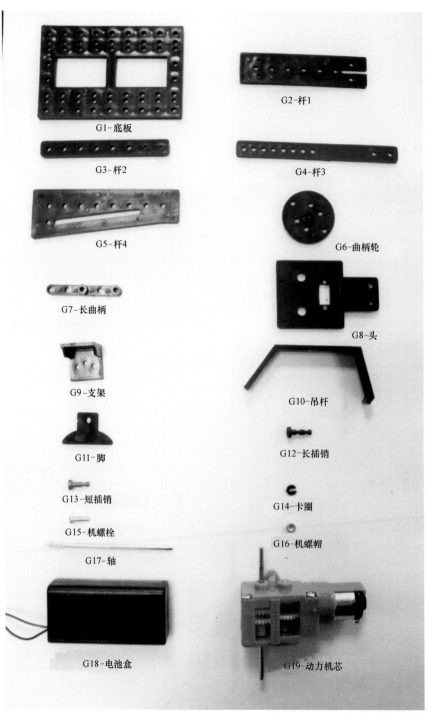

图 8-1　机器人的基本构件

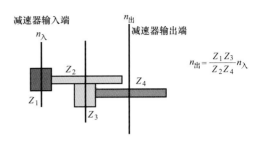

$$n_{出} = \frac{Z_1 Z_3}{Z_2 Z_4} n_{入}$$

图 8-2　2 节减速

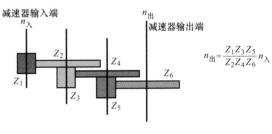

$$n_{出} = \frac{Z_1 Z_3 Z_5}{Z_2 Z_4 Z_6} n_{入}$$

图 8-3　3 节减速

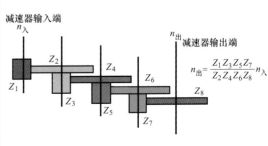

$$n_{出} = \frac{Z_1 Z_3 Z_5 Z_7}{Z_2 Z_4 Z_6 Z_8} n_{入}$$

图 8-4　4 节减速

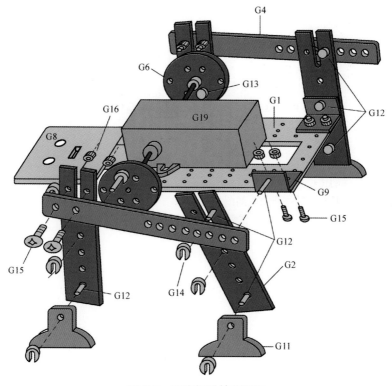

图 8-5　四脚机器兽装配图

1）将机芯固定在主板上——将机芯（G19）固定孔对准主板（G1）第二排孔，用螺栓
（G15）固定，如图 8-6 所示。

图 8-6　机芯在主板上的位置

2）将长插销（G12）固定在曲柄轮（G6）的某个孔中，如图 8-7 所示。另一个相同。

3）将曲柄轮装配到机芯的输出轴上。轴与曲柄轮上的空均为六角，安装时一定要对准后再压进，并使轴的端头与曲柄轮的外平面齐平，不要将轴超出外平面。

图 8-7　短插销装在圆盘（曲柄）上位置

4）左右两个圆盘上的插销成 180°，调整机芯轴的位子，使两个曲柄轮与主板边缘具有相等的间距，如图 8-8 所示。

5）将两个直角支架（G9）固定在主板上，如图 8-9 所示。

图 8-8　两圆盘装到轴上，两插销成 180°

图 8-9　直角支架安装

6）将 2 片杆 1（G2）和杆 3（G4）用螺栓和短插销（G13）连接成一体，如图 8-10 所示。

7）将杆 1（前脚）连接到曲柄轮的插销上，并用卡圈（G14）固定，如图 8-11 所示。另一边相同。

8）将杆 1（后脚）与直角支架（G9）用短插销（G13）铰接，如图 8-12 所示，另一边相同。

9）在每个脚上用短插销（G12））铰接，保持两者处于松连接状态。

图 8-10　三根连杆的链接

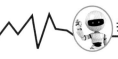

10）将头部（G8）用螺栓固定在主板上。

11）将电池盒用胶带粘结在主板上，也可粘结在机芯上方。

12）用电烙铁连接电路。电池盒上自带开关，因此电池盒引出的两根电线直接与电动机两簧片焊接。焊接前先上电检测一下电动机的转向。

到此，机器人安装完毕。仔细检查机器人的各部分安装均没问题后，装上电池就可以试机了。电池盒的安装有讲究，原因是：由于机芯的位置不在底板的中央轴线，所以机器人的重心会偏离中心轴，这会影响机器人行走的直线性，因此可以利用电池的安装位置来调整机器人的重心，使其重心位于中央轴线上。电池盒装在底板的下方，调整好位置后可以用胶带固定。

四脚机器兽是一个多连杆机构，使得前后脚成高低交替运动。每个脚的运动轨迹都呈现椭圆状，依靠脚与地的摩擦力，在动力的作用下使腾空脚向前移动，达到向前行走的效果。左右两边的运动相差180°，类似四脚兽慢走时的状态。

图 8-11　连杆与曲柄的链接

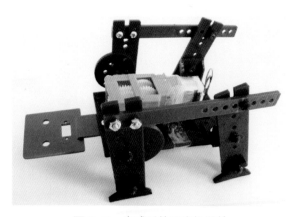

图 8-12　完成后的四脚机器兽

8.2 形形色色的仿生机器人

用本套材料可以搭建多种仿生机器人模型，以下式样供搭建者参考。

8.2.1　爬横杆机器人

这是利用曲柄滑杆构成的运动机构，驱动两个手臂作椭圆状交替运动。它的手成倒 V 字形，使其凹部能够嵌在圆杆上，就像手握住圆杆一样，如图 8-13、图 8-14 所示。

8.2.2　步行机器人

利用曲柄连杆机构实现类似人的双腿直立行走动作，如图 8-15、图 8-16 所示，这是一个多连杆机构，其运动形态如图 8-17 所示，在脚部形成一个椭圆形的运动轨迹，产生一个向前跨步的动作。

图 8-13　实物图

左右两臂呈180°
交替做往复运动

图 8-14　两臂运动机构

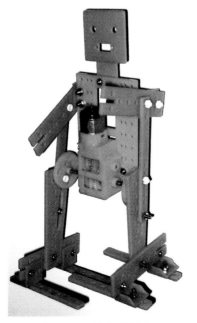

图 8-15　步行机器人

图 8-16　实物图

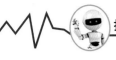

因为行走时机器人不能像人一样自动调整重心使其投影在接触地面的脚上，所以机器人会侧倒而无法完成行走。解决的方法是给机器人配上两个大脚，两脚形似 C 形，如图 8-16 所示，像中心延伸，长度超过机器人的重心，使机器人的重心始终能够落在着地脚之内，以此保持机器人行走时的平衡。脚的底部贴一层毡，可以增加摩擦力，有利于克服打滑。

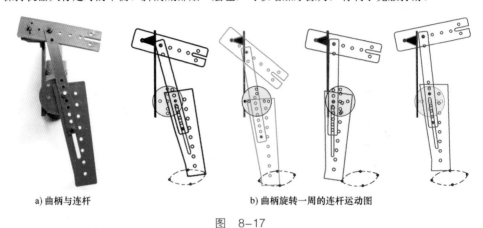

a) 曲柄与连杆　　　　　　　　　　　　b) 曲柄旋转一周的连杆运动图

图　8-17

8.2.3　推车机器人

推车机器人如图 8-18 所示。利用曲柄连杆机构带动机器人腿的运动，连杆的支点是可移

图 8-18　推车机器人

动的，产生一个抬腿的动作。机器人的手与小车连在一起，车轮成为机器人的支撑点。机器人行走时的平衡很重要，只有在机器人抬腿时不发生（向抬腿侧）倾斜，才能使机器人正常地走起来。本设计中采取两个措施来保持机器人的平衡，一是让机器人的重心尽量前移，即把质量较重的电池放置在小车的前端，利用物体的重量使两轮同时着地，不会引起左右晃动。二是将机器人的脚横向延伸，使机器人的重心轴线始终落在脚上。

8.2.4　滑雪机器人

滑雪机器人如图 8-19 所示。多杆结构可以模仿类似人滑雪的运动姿态，左右两边是同向的。与地面接触的连杆 2 在另外一根与曲柄联动的连杆 1 的作用下向上提升，并在重力作用下自然下垂，如图 8-20 所示中的状态 1；随后在连杆 1 的作用下，连杆 2 下压触地（如状态 2 和状态 3），触地端产生静摩擦力，然后在动力的驱动下，机器人绕着触地端向前滑出一个弧度，完成了一次机器人的向前移动。

图 8-19　滑雪机器人

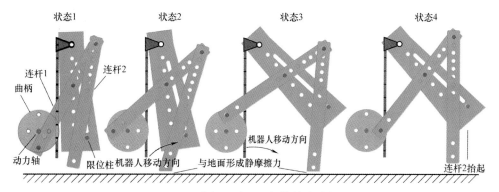

图 8-20　曲柄运动一周机构状态分解图

8.2.5　爬缆绳机器人

爬缆绳机器人结构示意图如图 8-21 所示。爬电缆机器人实物图如图 8-22 所示。在两根直径约为 5mm（毫米）、相距 8cm（厘米）的钢丝绳上进行攀爬。这是一个多连杆机构，机器人的手和脚交替握紧缆绳，左右两边的运动相差 180°。机器人的手和脚能否握住和握紧缆绳是至关重要的，这里用回形针改制成如图 8-23 所示的形状，并在与缆绳接触的地方缚上弹

性材料以增加摩擦力，倒凹形可以保证握住缆绳，增加摩擦力相当于握紧缆绳。

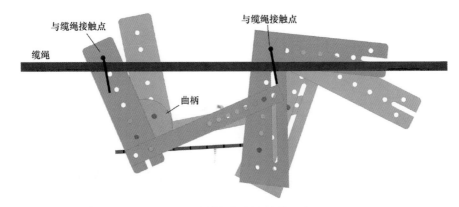

图 8-21　爬缆绳机器人结构示意图

图 8-22　爬电缆机器人实物图

图 8-23　倒凹形的手

8.3 创意设计

　　构建式组件使创意设计成为可能，这也是本套模型的魅力所在。在进行创意设计时，请不要局限于本套模型提供的构件，完全可以利用身边容易得到的材料来做一些辅助零件，这有助于打开我们的思路，设计出更有创意的机器人。下面介绍几则创意设计，或许对你的设计会有一定的启迪作用。

8.3.1　爬阶梯机器人的创意设计

（1）设计要求

　　利用本套模型设计一个能模仿人或动物的运动方式来爬阶梯的机器人，在设计中允许使用除组件之外的其他材料作为运动的辅助零件。台阶的高度为 2cm（厘米），台阶的平面为 15（宽）×10（长）cm（厘米），如图 8-24 所示。此台阶也可以用书来搭建，尺寸没有严格规定。

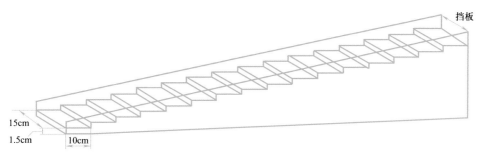

图 8-24　阶梯

（2）设计思路

前述的四脚机器兽的运动方式从原理上应该具有爬高的能力，但是由于机器的重心不能像人一样根据抬脚的状态而自动调整，因此在重心作用下机器人的身体会向抬脚的一端倾斜，因此这种脚的形式很难完成登高运动。

图 8-25 所示的双脚步行机器人采用了脚的横向延伸设计，使脚的着力点从一侧延伸到了机器的重心下面，因此抵消了机器重心产生的扭力，解决了倾斜的问题。步行机器人具有脚的抬升功能，因此原理上应该能够进行登高运动。但是由于该机器人的重心比较高，因此走起来很容易摔倒。

根据以上分析，可以将两种模式相结合，由于四脚机器兽有 4 个脚，且重心低，因此不会摔倒，因此四脚模式是比较合理的。再将单侧着地的脚横向延伸成为条状着地，克服了重心引起的倾斜问题。其设计如图 8-26 所示。爬阶梯机器人实物如图 8-27 所示。

传动方式采用了曲柄滑杆机构，左右两曲柄呈 180°，分别通过一个十字架二维方向的滑杆结构传递动力，使前后两脚构成的平面始终与地平面保持平行运动，使得机器人的行走非

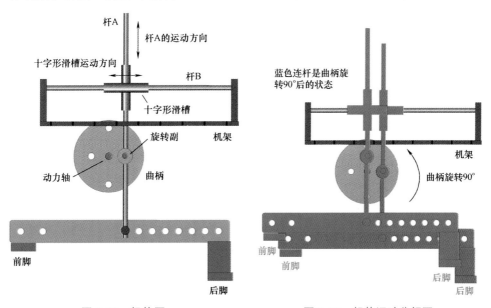

图 8-25　机构图　　　　　　　　　　图 8-26　机构运动分解图

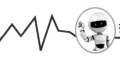

图 8-27　爬阶梯机器人实物图

常稳当。两个滑杆及其套筒采用直径合适的不锈钢管，套筒用胶固定在机架上。

（3）改进型设计

由于机器人是向上运动，自身重量也会影响登高的性能，因此尽可能地减轻自身重量也是很有必要的。综合以上考虑，形成了图 8-28 所示的设计。该设计舍弃了原先固定机芯的底板，连杆都采用细杆，这些措施降低了机器人的自身重量，使机器人变得更加轻盈。采用了平行四边形 4 连杆机构，使两个脚抬升时保持平行，如图 8-29 所示。

图 8-28　改进的爬阶梯机器人

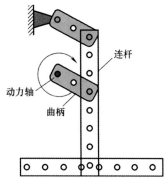

连杆

动力轴

曲柄

图 8-29　平行四边形机构使双
脚保持平行态势

延伸脚与连杆采用粘结法连接，使结构变得更加简洁可靠。延伸脚底部粘贴毛毡条，可以提高与地的摩擦系数，防止行走时打滑，提高行走效率。

8.3.2　爬直杆机器人的设计与制作

（1）设计要求

利用本套模型，设计一个能模仿人或动物的运动方式的爬直杆机器人。杆的直径为 2cm（厘米），高度 2m（米）左右，杆的材质为 PVC 电线管。

（2）设计思路

回忆一下少年时爬竹竿的动作，双臂向上，两手紧握竹竿引身向上，然后双腿弯曲向上并紧紧夹住竹竿，此时人已向上攀升了一截竹竿。然后松开双手，握住更高一截竹竿，再一次引身向上。从中能够领悟到爬竹竿的要领，一是靠手臂和腿部的力量引身向上，二是利用手和腿脚紧握竹竿产生的摩擦力抵消身体重量产生的重力，使身体保持不滑下来。协调好手脚动作，人就能顺利攀爬竹竿。

电气线路工人则利用一种称作脚扣的工具进行攀爬，如图 8-30 所示，使攀爬更加省力快捷，其原理就是利用杠杆作用，借助人体自身重量，使另一侧紧扣在电线杆上，产生较大的摩擦力，从而使人稳稳地站在电线杆上。而另一脚抬脚时，扣自动松开，使脚顺利跨上一截。利用双脚的协调动作，就能在杆上轻松地爬上爬下。

图 8-30　利用脚扣进行爬杆

根据以上分析，爬直杆机器人必须要有两个力的支持，一是能使整体向上的引身力，二是使机器保持在杆上不滑下的摩擦力，利用脚扣功能可以有效地产生需要的摩擦力。

图 8-31 所示的机器人就是根据人爬杆的原理设计的。根据机器人上肢和下肢的交替运动进行攀爬，上肢和下肢各有一个 C 形扣，如图 8-32 所示。当上肢向上引身时，C 形扣承受重力减小，扣自动松开；而下肢的扣子在自身重力作用下，紧紧地卡住杆子，保持机器人不滑下。当下肢屈腿向上时，上肢的扣子也因重力而紧扣杆子，而下肢的 C 形扣自动松开，从而使机器人成功地爬上一截。保证上肢和下肢协调运动的是一组连杆机构。动力机芯为 4 节减速。

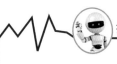

图 8-31　一种爬直杆的机器人

图 8-32　C 形手和脚

8.3.3　爬竹梯机器人的设计和制作

（1）设计要求

利用本套模型，设计一个能模仿人或动物的运动方式的爬竹梯机器人，竹梯如图 8-33 所示，梯的宽度在 15 ～ 20cm 之间。

（2）设计思路

人爬梯子一般是手脚并用，靠手扶住梯子保持身体平衡，两脚交替登梯上行。在利用本套组件进行设计时，需要考虑以下两点：一是要有能踏住（或钩住）梯子横档的脚或手，二是怎样不使机器人从梯子上掉下。

图 8-33 是一个比较简单有效的设计方案，机器人用双手进行攀爬，手类似一个钩子，用它来勾住梯子的横档。双手交替运动，只要选择合适的曲柄长度，即保证两手的最大高低差大于 2.5cm，就能顺利地攀爬。

机器人的重心在梯子外，所以不让机器人从梯子上掉下来是很关键的，一种方法是再给机器人添加一双手来扶住梯子，可以用铁丝弯两个半圆弧，左右各安一个，圆弧形铁丝套在梯子两边的圆柱上，从而使机器人稳稳地贴在梯子上而不掉下来。另一种方法是精确设计手上的钩，因为机器人在任意时刻总有一个手钩住梯子的横档，只要保证钩子能稳稳地勾住梯子的横档而不滑脱，就能使机器人不从梯上掉下来，如图 8-34 所示。

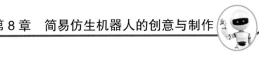

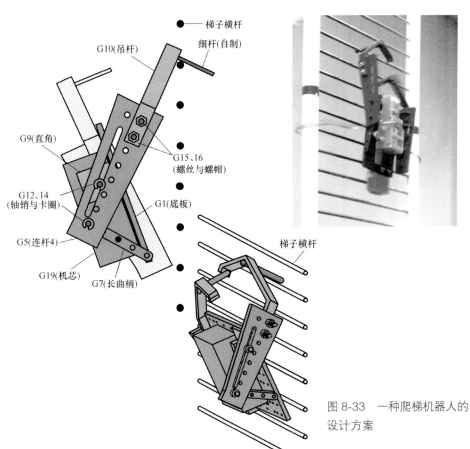

● —— 梯子横杆

细杆(自制)

G10(吊杆)

G9(直角)

G15、16
(螺丝与螺帽)

G12、14
(轴销与卡圈)

G1(底板)

G5(连杆4)

G19(机芯)

G7(长曲柄)

梯子横杆

图 8-33 一种爬梯机器人的
设计方案

图 8-34 正在爬梯的机器人

第 9 章

智能循迹机器人的设计与制作

　　智能循迹机器人就是能自动跟踪地上航线行走的智能型机器人。它是让机器人爱好者了解智能控制的一个通用平台，因此在许多机器人比赛中都有它的身影。智能循迹机器人由行走系统、视觉系统和控制系统三部分组成，本章将通过一个设计实例来揭示智能寻迹机器人的工作原理，并邀你一起进行设计和制作。

9.1 智能循迹机器人的行走系统

　　智能循迹机器人的本体是一辆小车，一般靠轮子或履带来行走。图 9-1 是两轮驱动的机器人，分别由左右两个电动机驱动，前面有两个微型的无动力万向轮，用以支撑车身。

　　图 9-2 是四轮驱动的机器人。前后轮由同一个电动机驱动，其动力经减速箱变速后同时从两个轴上输出，且同向同速。左右两边各有一套独立的动力系统。四轮驱动的小车更适宜于爬坡。

9.1.1　小车的结构

　　小车主要由小车底板、轮子、动力系统和控制系统组成。

　　图 9-3 是两轮驱动的机器人结构图。图 9-4 是两轮驱动的机器人侧视图。

　　根据空气动力学原理，小车外形设计成类似沙丘，车身尽量低，将驱动板、电池、控制盒放在小车的中后部，当空气从前方流过小车时，在侧翼处改变方向，在小车的后部形成漩涡，从而使小车获得更大的推动力，加快了小车速度。在底板的前端安装一个螺帽，代替导轮，使得转向更加灵活。

　　图 9-5 是四轮驱动的底板，图 9-6 是它的侧视图。

　　在底板的上方安装控制器和电池等，在底板的下方安装传感器。

图 9-1　两轮驱动的机器人

图 9-2　四轮驱动的机器人

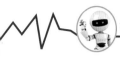

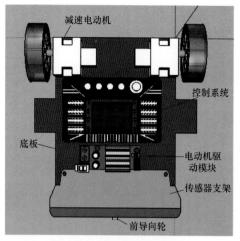

减速电动机

控制系统

底板

电动机驱动模块

传感器支架

前导向轮

图9-3 两轮驱动的机器人

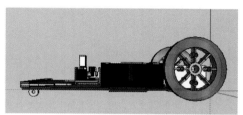

图9-4 两轮驱动的机器人

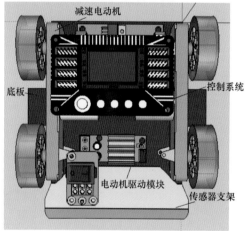

减速电动机

底板

控制系统

电动机驱动模块

传感器支架

图9-5 四轮驱动的底板

图9-6 四轮驱动的底板侧视图

9.1.2 动力系统

机器人行走需要动力系统来支持，本例中的动力系统由直流减速电动机担任。直流减速电动机是由直流电动机和齿轮减速器构成。电动机的种类很多，我们选用的是直流电动机，它动力较大，便于控制，在机器人行走中得到广泛的应用。电动机的转速一般在每分钟上万转，且扭矩很小，因此必须进行减速处理，本例采用的电动机工作电压为12V，空载电流＜100mA（毫安），负载电流＜800mA（毫安）。由一组齿轮组成减速器，减速后的转速为350r/min（转/分），可以驱动10～15kg（公斤）的小车。输出转速可以根据行走需要进行定制，一般在100～300r/min（转/分）间选择。减速比越大，其输出的扭矩也越大。图9-7所示的是两轮驱动的减速电动机。图9-8是四轮驱动的减速电动机，它有两个同向、同速的输出轴，分别用来驱动前轮和后轮。

9.1.3 电源

为了使机器人有强劲动力，并且有较轻的自重，本例采用锂电池。其输出电压为7.2V（伏），容量为1000mAH，如图9-9所示。

9.1.4 电动机驱动模块

电动机的运转状态受控制系统的控制，控制器输出的是小电流信号，必须通过功率放大器才能驱动直流电动机。另一方面，电动机还需要进行双向控制，电动机驱动模块才能够实现上述功能。

利用H桥驱动原理可以控制电动机的正反转，利用晶体管或集成电路可以实现功率放大。本例中采用L298N双通道集成驱动电动机芯片，其工作电压为6～46V（伏），提供2A（安培）的工作电流，过热时有自动关断功能，并提供电流反馈监测功能。L298N需要外加续流二极管1N5822用来保护芯片，防止电动机线圈在断电时的反电动势损坏内部电路。L298N可以驱动两个直流电动机。表9-1是L298N逻辑真值表，其中IN1（IN3）、IN2（IN4）端用以控制电动机的运转方向，使能端（EN）在高电平时有效。图9-10是本例中的双电动机驱动电路图。

图 9-7 两轮驱动的减速电动机

图 9-8 四轮驱动的减速电动机

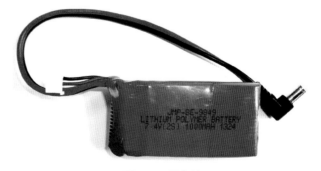

图 9-9 锂电池

表 9-1　L298N 逻辑真值表

ENA（B）	IN1（IN3）	IN2（IN4）	电动机运转状态
H	H	L	正传
H	L	H	反转
H	同 1N2（IN4）	同 1N1（IN3）	快速停止
L	X	X	停止

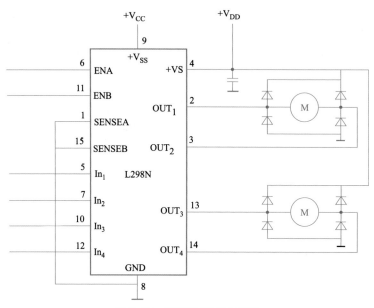

图 9-10　双电动机驱动电路

9.1.5　电动机转速控制

机器人行走在不同的路径时，其对速度的控制是很重要的，如直线行走时可以加快速度，而转弯时可以使左右两轮产生一定差速，以适应转弯半径。在直流电动机控制中脉宽调制（PWM）方式是比较方便有效的。

脉冲宽度调制（PWM）模式提供给电动机的不是一个恒定连续的电能量，而是以脉冲形式提供电能，如图 9-11 所示。当脉冲的占空比为 50% 时，如图 9-12 所示，电动机所获得的平均能量为图中的直线 E_0。当脉冲的占空比大于线 E_1），转速提高。当脉冲的占空比小于 50% 时，电动机所获得的平均能量降低（直线 E_2），转速减低。

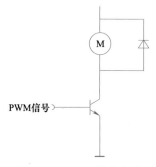

图 9-11　PWM 信号电路

利用单片机中的定时器可以产生波形脉冲，改变定时器的某些参数就可以改变脉冲宽度，从而控制电动机的转速。由于电动机的响应速度较慢，所以 PWM 脉冲频率不宜太高，一般选为 $1kH_z$（千赫兹）左右。单片机输出的 PWM 脉冲作用于 L298N 集成电路的使能端。

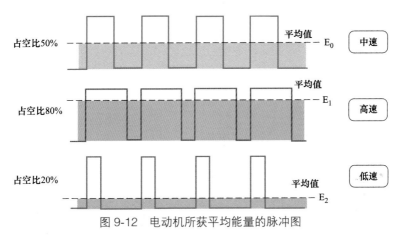

图 9-12　电动机所获平均能量的脉冲图

9.1.6　轮子的转向

机器人常常需要原地转向，传统的偏转前轮的转弯方式在这里不适用，因此机器人通常采用左右轮分别驱动的模式。图 9-13 表示了机器人在不同动力状态下的转弯姿态。

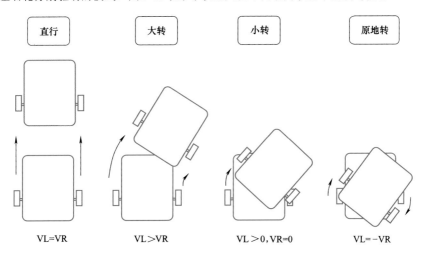

图 9-13　机器人在不同动力状态下的转弯姿态

9.2　机器人的视觉

智能循迹机器人的地面一般是白底黑线，黑线的宽度一般在 2cm（厘米）左右（如 1.8cm 的 3M 黑胶带）。机器人能够利用其"视觉"分辨出航线，一般用光电传感器就能进行有效的分辨。

9.2.1　光电传感器

利用反射型光传感器进行航线的检测。反射型光传感器由贴片发光二极管、光敏管及限

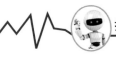

流电阻组成，如图9-14所示。无光照时，光敏管有很小的反向漏电流，又称暗电流，此时光敏管截止；当受到光照时，反向漏电流大大增加，形成光电流。

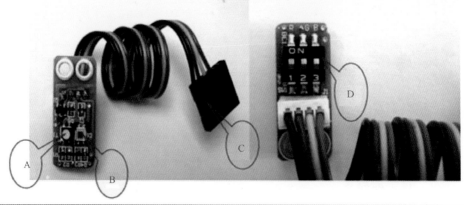

A	发射管		引脚号	颜色	功能
B	接收管		X、Y	黄、棕	信号线
C	标准接线端口		V	红	正电源（输入3.3～5V）
D	拨码开关（拨动可以改变发射管的颜色）		G	黑	地线（0V）

图 9-14　反射型光传感器的组成

　　用光敏管的光电特性可以检测地面上的黑线。当发光二极管发出的光照射在白色地面或黑线上时，其光的反射强度是不相同的，白色反射强，黑色反射很弱，因此光敏管产生的电流状态也是不同的。据此就可以判断光检测器是在黑线上还是在白板上。图9-15是检测示意图。

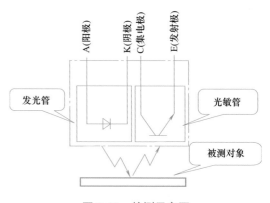

图 9-15　检测示意图

9.2.2　模数转换

　　由于光传感器所采集的数据是光反射的强弱变化，这些幅度上连续变化的量称为模拟量。为了实现对模拟量的控制，需要使用模-数转换技术，将模拟量转换成数字量，便于控制芯片处理。本例机器人控制芯片为32位ARM处理器，有专用的模拟信号输入端口，可直接接入光电传感器。只要在光检测程序中设置合适的阈值，就能方便地判断被测对象的状态。

　　光传感器有可见光型和红外光型，在环境光干扰比较严重的场合，建议用红外光型的光传感器，如果再利用调制技术，则可以大大提高抗干扰能力。

9.2.3　光电传感器的安装

原则上用两个光传感器可以完成循迹行走，在一些要求较高的场合，如高速行走，则需要配置多个光传感器。光传感器安装于机器人的底部且位于轮子前，距离地面 1cm 的高度。如果在平地上行走，传感器的位置还可以放得低些，距离地面几毫米，这样效果更好。为了防止环境光的干扰，有时需要为光传感器作一些有效的遮挡。图 9-16 是 5 个光传感器的布局。

图 9-16　传感器的布局

9.3 机器人的大脑

光电传感器只是用数据的形式反映了所"看"到的"黑"与"白"，如何判断机器人相对于航线的位置状态，还得靠"大脑"来分析和判断，然后向有关方面发出控制指令。这个"大脑"就是计算机。

9.3.1　控制芯片

一般的单片微计算机都可以胜任自动循迹的任务。本例中采用了嵌入式计算机 ARM9，Cortex-M3 内核，它多达 48 路接口，兼容模拟输入，多个内置式定时器和多种中断方式，主频 16MHz。这是一款功能很强大的控制芯片，可以满足模拟输入、脉宽调速（PWM）和状态显示等功能。

9.3.2　控制系统全貌

图 9-17 是本例控制电路的组成框图。输入有两种形式，一是来自光传感器的模拟信号，二是各种键控数字信号。输出也有两部分，一是对左右两路电动机的 PWM 控制，二是计算机各种状态的显示。

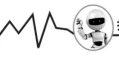
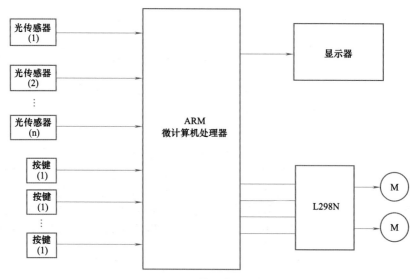

图 9-17　控制电路框图

9.3.3　电路连接

图 9-18 是控制板与光电传感器、电动机、显示器等外部设备的连接图。

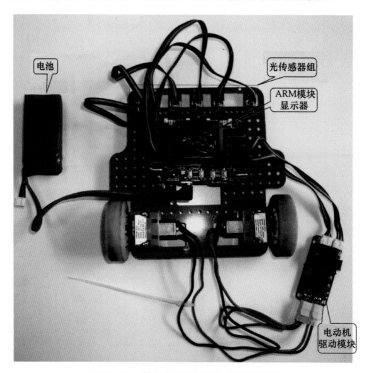

图 9-18　控制板与外部设备的连接图

9.4 给"大脑"植入思想

计算机对外部信息的分析判断、向外部设备派发合适的指令，都是一种富有个性的思维过程，这种思维过程对于计算机而言就是程序。C 语言是常用的编程语言。

9.4.1 1个光传感器的控制算法

利用一个光传感器进行循迹是一种最简单的配置，传感器的位置不在小车的中央，而是偏向中心的右侧（或左侧），即光传感器的正常位置在航线（黑线）之外且靠近航线。其循迹原理是：将右电动机的转速略大于左电动机，使小车总是向左（黑线）偏转。当传感器测到黑线后，右电动机停转（或使 $v_R < v_L$），左电动机保持转速，使小车向右偏转。当传感器测不到黑线后，两电动机又恢复原状态行走。图 9-19 表示小车的各种状态，图 9-20 是主程序框图，图 9-21 是一个机器人实例。

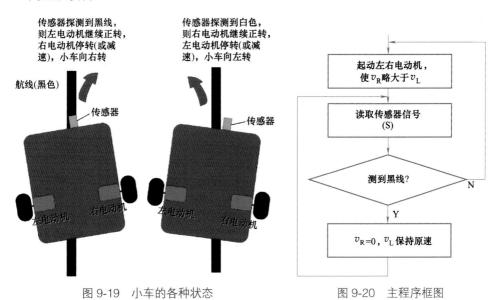

图 9-19　小车的各种状态

图 9-20　主程序框图

9.4.2 两个光传感器的控制算法

在黑线比较宽的场合（如宽度为 5cm），两个传感器布局可以紧靠，即都位于黑线上，如图 9-22 所示。如果黑线较窄，两个传感器可以分开，分别在黑线的两边。图 9-22 描述的是第一种模式。

机器人在行走时总是处在图 9-23 所示的三种状态中的一种。如果它处在状态 A，则表示它不偏不倚地行走在航线上，因此左右电动机保持原有运行数据；如果它处在状态 B，则表示它出现了向左偏转的倾向，因此需要调整左右两电动机的速度差来纠正方向，如适当减小右侧电动机的速度，或适当加大左侧电动机的速度，直至回到状态 A；如果它处在状态 C，则调整方向与状态 B 相反。图 9-24 是体现上述算法的程序框图。

图 9-21　机器人实例

图 9-22　传感器布局图

两个传感器均测到黑线，则左电动机保持同速正转，小车直行

仅右传感器测到黑线，则需要左电动机保持正转，右电动机停转(或减速)，使小车向右偏转

仅左传感器测到黑线，则需要右电动机保持正转，左电动机停转(或减速)，使小车向左偏转

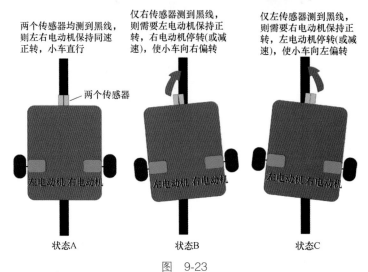

两个传感器

左电动机 右电动机

状态A　　　　　　状态B　　　　　　状态C

图　9-23

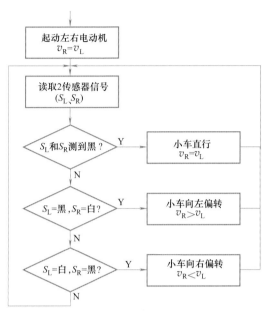

图 9-24　程序框图

9.4.3　3 个光传感器的控制算法

3 个传感器的排列是中间一个位于黑线上，另外两个分别位于黑线的两边，如图 9-25 所示。其循迹算法如图 9-26 所示。

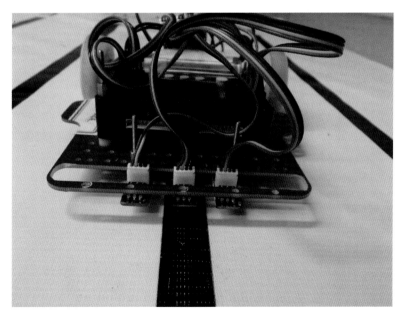

图 9-25　传感器的排列方式

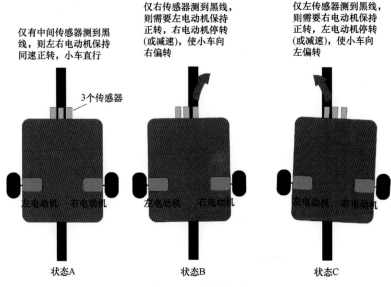

图 9-26　循迹算法

9.4.4　5个光传感器的控制算法

　　如果小车的速度比较快,由于电动机的转速相应比较慢以及惯性的作用,小车上所有传感器(如3个传感器模式)很可能会全部冲出黑线外,此时计算机将无从判断,从而导致小车偏离航线。解决的方法是增加传感器的数量,如增至5个甚至7个传感器,它们排在一条直线上,成为第二、第三道防线。另外,多传感器也有利于检测突变性的航线,如图9-27状态C中的直角航线。

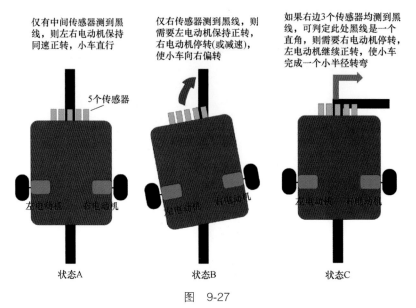

图　9-27

9.4.5　一个巡线实例

图 9-28 是一个机器人巡线任务实例。要求机器人从起点出发，沿图 9-28 中虚线行走，最后在终点自动停止。

选择 3 个传感器的机器人来完成这一巡线任务。算法考虑：1）碰到十字线，直行；2）碰到直角，右转；3）数十字线，数到第 5 根横线时停止行走。图 9-29 是算法框图。具体程序中有许多细节要考虑，如巡直线行走时，左右电动机的速度差值对于平稳行走是很重要的。再如直角右转弯的处理，可以编制一段独立处理的子程序来完成，这有利于提高选线效率的行走速度。

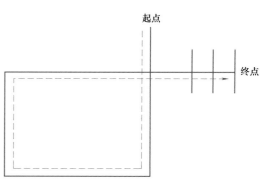

图 9-28　机器人巡线实例

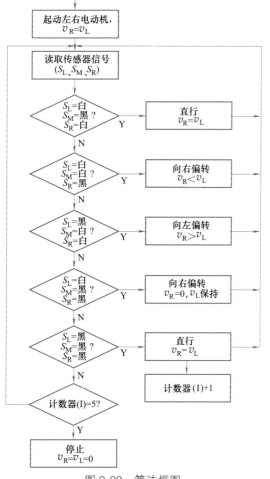

图 9-29　算法框图

183

第 10 章

模块化仿人型机器人的
组装与调试

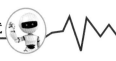

BioROBO 模块化机器人是专为青少年学生中机器人爱好者设计的模块化仿人型机器人，它以舵机作为动力，一共有 17 个关节，能够参加机器人竞赛，也可用于教学实验。本章将介绍该机器人的组装、实时控制软件、动作控制和实验练习。BioROBO 模块化机器人配有计算机仿真软件，可以在个人计算机中显示机器人的三维数字模型，同步控制实体机器人的运动。BioRoBo 模块化机器人如图 10-1 所示。

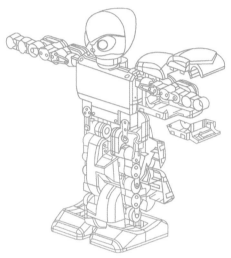

图 10-1　BioROBO 模块化机器人

BioROBO 模块化机器人的构造形式不是固定的。它有标准的驱动部件，还有一组可以装配与拆卸的连接构件，可以按照需要进行不同组合，像积木一样搭建成不同形态的机器人。有关节裸露的形态，有带壳盖的形态，有机械臂形态，还有四足行走模型形态，如图 10-2 所示。

图 10-2　BioROBO 模块化机器人的不同形态

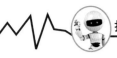

10.1 BioROBO 模块化机器人的装配

　　BioROBO 模块化机器人的基础构件如图 10-3 所示。其中驱动舵机的作用是提供机器人关节转动的动力。连接构件 2-P 和连接构件 3-P 的作用是固定驱动轴平行的关节组件。连接构件 2-C 的作用是固定驱动轴交叉的关节组件。左肩和右肩关节球的作用是调节手臂组件的位置，输出轴的作用是传递转矩（作用力大小乘以转动中心到力作用线的距离等于转矩）。

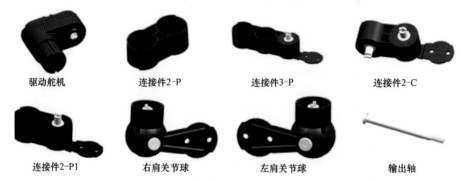

驱动舵机　　　　　连接件2-P　　　　　连接件3-P　　　　　连接件2-C

连接件2-P1　　　　右肩关节球　　　　　左肩关节球　　　　　输出轴

图 10-3　BioROBO 模块化机器人中的驱动器与连接构件

　　BioROBO 模块化机器人最常见的形态是能够模仿人类行走运动的双足步行机器人。在这种情况下，BioROBO 模块化机器人根据人体形态分为：躯干组件，对应人体上肢的左臂组件和右臂组件，以及对应人体下肢的左腿组件和右腿组件。组件中有作为驱动器的数字舵机和多种连接构件，装配形式为方便拆卸的螺纹紧固件连接。螺纹紧固件分为螺钉和螺母，两者表面都刻有螺旋线，在做旋转运动的同时，将沿轴线移动。组装后的机器人身高 40cm。BioROBO 模块化机器人的上肢部件组装步骤如图 10-4 所示。

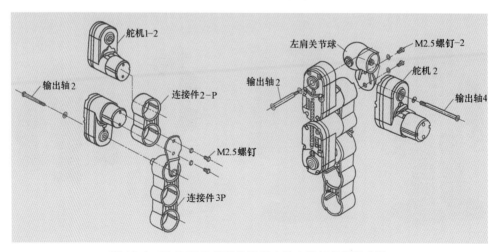

图 10-4　BioROBO 模块化机器人的上肢部件组装步骤

10.2 BioROBO 模块化机器人的关节动力

数字伺服舵机在 BioROBO 模块化机器人中提供关节转动的动力。舵机是一种用于伺服控制的驱动电动机。为了控制舵机，需要向它输入电平高低周期变化的脉冲信号，舵机的运动与脉冲信号中高电平的持续时间（脉宽）有对应关系。调节舵机控制信号中的脉宽参数，就能驱动舵机的输出盘转动到指定位置。舵机分为模拟舵机和数字舵机。模拟舵机中的控制芯片为专用的集成电路（根据反馈电压驱动直流电动机），数字舵机采用性能更好的微处理器进行控制，因而反应速度更快、动作更灵敏、定位的精度更高。数字舵机及以舵机作为动力的机器人关节如图 10-5 所示。

相对于其他驱动电动机，数字舵机的突出优点在于体积小、重量轻。因为它的内部有减速齿轮箱，所以能够输出比较大的转矩，满足机器人关节转动的需要。数字舵机的另一个优点是控制简单。只要向数字舵机输入脉冲信号，就能够精确控制输出盘的转动位置。BioROBO 机器人的下肢部件组装步骤如图 10-6 所示。

在机械工程中，需要用视图表示机械零部件的形状和相互之间的装配关系。视图由投影（把空间形体转化为平面图形的一种处理方法）产生。机械制图中的投影原理如图 10-7 所示。在投影过程中，投射线从投影中心（光源）出发，经过形体表面边缘上的某个点后到达投影面，产生对应的投影点。

除了常用的三视图（主视图、顶视图、左视图）以外，还经常使用轴测视图。轴测视图是沿特殊方向进行投影后产生的视图，它能够在一个投影面上同时反映物体三个坐标方向上的形状，因而有立体感，非常直观，容易被没有机械制图基础知识的人士理解。在计算机辅助设计中，只要建立三维模型，模型的轴测视图是由绘图软件自动产生的。图 10-8 用轴测视图表示 BioROBO 模块化机器人躯干组件中各个零件之间的装配关系。

a) 数字舵机

b) 以舵机作为动力的机器人关节

图 10-5　数字舵机及以舵机作为动力的机器人关节

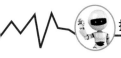

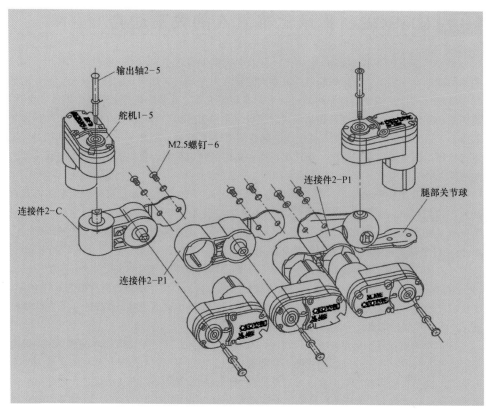

图 10-6　BioROBO 模块化机器人的下肢部件组装步骤

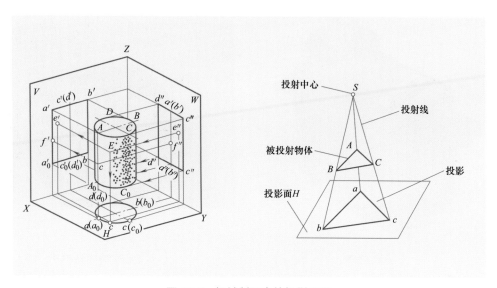

图 10-7　机械制图中的投影原理

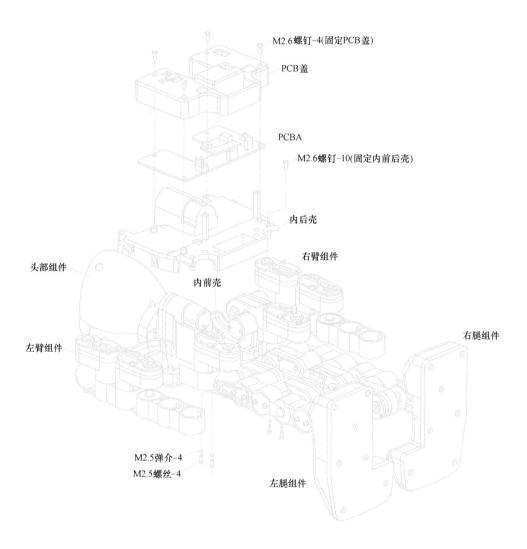

M2.6螺钉-4(固定PCB盖)

PCB盖

PCBA

M2.6螺钉-10(固定内前后壳)

内后壳

右臂组件

头部组件

内前壳

右腿组件

左臂组件

M2.5弹介-4

M2.5螺丝-4

左腿组件

图 10-8　BioROBO 模块化机器人躯干部件组装关系的轴测视图

10.3 BioROBO 模块化机器人的控制模式

（1）遥控模式

使用者通过 2.4G 无线遥控器，用操纵杆和按钮直接控制机器人，使机器人表演步行动作、手臂动作、练武动作以及其他日常动作。

（2）语音识别模式

有声音识别功能，可以识别"前进"、"后退"、"你好"等四句简短话语，听到代表运动

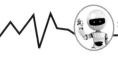

指令的语音后，机器人就会展示相应的动作。

（3）特设动作模式

按下遥控器上的相应 A 键、B 键或 AB 组合键，机器人即可表演多种有趣味的舞蹈节目。

（4）同步控制模式

进入该模式后，实际机器人的运动将受到仿真环境中机器人数字模型的控制。BioROB 模块化机器人所有关节的舵机都处于工作状态。通过播放虚拟的设计动作控制实际机器人的运动，使 BioROB 模块化机器人与仿真机器人同步动作。

（5）木偶编程模式

进入该模式后，控制系统会不断地向个人计算机发送机器人所有关节的角度位置信息。使用者通过遥控器上的手柄调整 BioROB 模块化机器人中各个关节的角度位置，机器人的姿态变化会以无线通信的形式反馈到个人计算机，使得仿真环境中的机器人模型发生对应变化，实现机器人的数字模型与实物模型同步动作。

10.4 BioROBO 模块化机器人的运动控制

机器人的运动控制通过运行计算机程序来实现。从形式上看，计算机程序是用字符表达的代码，实质上计算机程序是指令。常用的是存储数据和调用数据的指令、数学运算和逻辑运算的指令。为了开发机器人运动控制程序，需要一个软件开发平台。BioROBO 模块化机器人运动控制程序的开发在 BioROBO Studio 软件环境中进行。它是一个用 JAVA 语言编写的智能编程和 3D 仿真多平台软件，通过该软件，用户可以创建和编辑机器人动作和行为。

BioROBO Studio 软件的直观图形界面、标准版中的行为库及其高级编程功能可以满足从入门级到专家级用户的需要，如图 10-9 所示。用户可以从现有动作库里选择所需动作来编辑 BioROBO 模块化机器人的行为，或是自行创建新的动作指令盒并保存在个人库中。BioROBO 模块化机器人的控制过程均在 BioROBO Studio 软件平台中实现。

用户设计 BioROBO 模块化机器人动作时，可使用 BioROBO Studio 软件，通过可视化的

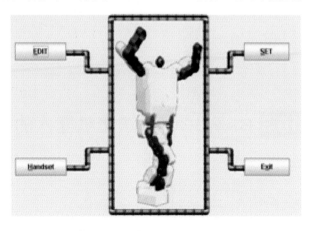

图 10-9　BioROBO Studio 软件的图标与初级界面

编程界面，对机器人的动作和剧本进行编程，如图 10-10 所示；并可将编好的动作和剧本程序下载到 BioROBO 模块化机器人上进行动作演示。BioROBO Studio 软件是由模块化机器人的创造设计工作室（http://www.biorobo.org）开发的一个图形化的仿人型机器人编程仿真控制软件，通过在一个三维虚拟环境里实现对仿人机器人的仿真与实时控制。它为用户提供了一个非常友好、便捷的操作编程环境。使用 BioROBO Studio 软件能够在计算机上进行编程并在三维环境中进行仿真，然后既可以通过计算机播放仿真动作与实际机器人进行同步控制，也可以将程序下载到实际机器人上使其进行动作演示。因为是用 Java 语言开发，所以 BioROBO Studio 软件可以在多个不同的操作系统下进行使用。

图 10-10　在 BioROBO Studio 软件平台中的动作编辑界面

机器人动作的设计就是规定位置与时间的对应关系。具体操作就是先规定一个特定时刻，然后规定在这一时刻的各个关节的运动位置。特定时刻通过动作编辑界面中的时间线（TimeLine）来显示，如图 10-11 所示。在时间线上用不同的颜色的色块表示不同性质的动作步序（Step）。灰色块表示非当前动作步序（Step），绿色块表示为游标，代表当前正在被设置的操作步序。橙色块表示动作循环播放区间的左右极限位置。按下添加操作步序按钮（Add）时，记录当前操作步序。时间线的单位间隔 0.1s，每个运动脚本（motion）文件最多可设置 100 条时间线，时间线与时间线之间的时间间隔最长为 25.5s，即 BioROBO 模块化机器人总的运动时间不能超过 2550s。

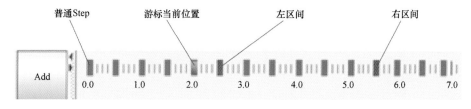

图 10-11　在 BioROBO Studio 软件动作编辑界面中的时间线

在 BioROBO Studio 软件中，可以用下列步骤控制 BioROBO 模块化机器人的动作：

（1）指定动作发生的当前时刻。在界面底部的时间线（Time Line）控件上用双击鼠标左键的方式指定绿色游标的位置。该游标的位置代表当前设置的动作发生的时间点，如图 10-12 所示。

图 10-12　在 BioROBO Studio 软件界面中，表示当前时刻的时间线游标

（2）设置在当前时刻中，BioROBO 模块化机器人中各个关节的角度位置。具体操作步骤是在界面右侧的控制面板中，按照关节名称找到对应的控件，可以用数值直接输入新的关节角度值，也可以通过控件上的按钮实现关节角度值的递增或递减。角度值的单位为度，各个舵机转动范围为 −90~90°。在界面左侧，机器人模型中正在调整的关节部件被显示为绿色。机器人模型的姿态会按照刚刚输入的关节角度值发生同步变化，如图 10-13 所示。

（3）观察界面左侧机器人三维模型的姿态，判断是否符合动作要求。如果符合，鼠标左键单击界面中时间线控件左侧的添加操作步序（ADD）按钮，添加该操作步序（Step）。如果不符合，继续在界面右侧选择关节角度输入控件，修改关节角度值。

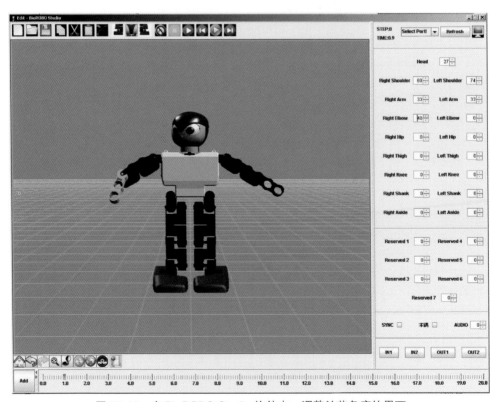

图 10-13　在 BioROBO Studio 软件中，调整关节角度的界面

（4）选择下一个动作的时间点，重复步骤（1）～（3），直至所有的动作添加完成。

每完成一个操作步序的设置和记录，BioROBO Studio 程序就计为一个"关键帧"。时间条上每一个色块都代表一个关键帧。时间条上的每一个关键帧都对应特定的时刻，代表机器人一个特定姿态。每一个关键帧都可以调出进行再编辑，用修改关节角度参数的形式修改机器人姿态。在时间条中，用绿色块表示的游标代表当前正在被设置的关键帧。游标的位置可以用鼠标中的滚轮加以改变。同时程序界面右上方的时刻标签控件（TIME）会显示当前游标所代表的时刻，步序标签控件（STEP）显示当前游标所代表的关键帧序号，如图 10-14 所示。

图 10-14　在 BioROBO Studio 软件中的时间条与机器人动作关联

若游标在时间条中移动至相邻两个操作步序（Step）之间时，程序界面左侧的机器人三维模型会显示经插值（一种按照起始点和终止点做出的比例运算）后的分解动作。标志 1.6s（秒）和 2.8s（秒）的为两帧用户设定的动作（作为关键帧），程序会在这两帧之间自动插入过渡性的分解动作，例如在 1.6s（秒）帧和 2.8s（秒）帧之间就自动插入了另外 12 帧数据，其中第 2.0s（秒）帧的机器人姿态如图 10-15 所示。

BioROBO 模块化机器人一共有 17 关节。每个关节对应的序号和名称都有默认的（由软件初步给出的）设置。这些设置可以由使用者按照需要在图 10-16 所示界面中加以修改。

在 BioROBO 模块化机器人开始运动之前，需要设置它的原始姿态，即设置机器人中各个关节舵机在原始状态下的角度位置，BioROBO Studio 软件有专门设置原始状态的模块（HOME）。它的功能是设定机器人开机时的初始姿态与编程（EDIT）的初始状态，图 10-17 左面 HOME 选项卡下方左侧为机器人 3D 空间模型，用于显示机器人在原始状态中的位置姿态，右面控件显示对应关节在原始状态中的位置参数，可以被用来输入机器人各个关节的角度值。

由于制造精度方面的原因，每个数字舵机的实际角度位置与理想的角度位置都有程度不同的误差。这种误差是事先无法确定的，所以要在机器人动作设计的时候，根据实际情况加以修正。即需要在图 10-18 所示的界面中用输入特定参数的方法加以补偿，用这种个别调整的形式消除关节舵机控制与结构组装上的误差。补偿角度值设置范围为 −10° 到 +10°。

除了完成各种动作以外，BioROBO 模块化机器人还有播放声音的功能。在图 10-19 所示的程序界面中，可以设定需要播放的声音文件，用于下载播放。界面中的"Open"按钮用于加载语音文件，加载成功后会显示该文件所在的路径，按钮"Play"可以播放加载的声音，按钮"Load"可以将加载的声音文件从个人计算机下载到 BioROBO 模块化机器人。

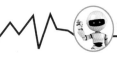

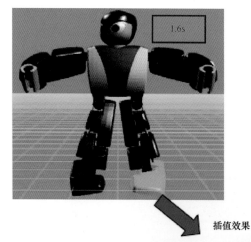

插值效果

图 10-15　通过插值运算得出的机器人姿态

为了在设置机器人动作的过程中操作便捷，BioROBO Studio 软件在程序界面顶端有一排工具栏图标，分别有不同含义。点击其中一个图标，就可完成对应的一种操作，如图 10-20 所示。

各个图标的含义如下：

New：新建，新建一个动作脚本文件（Motion 文件）。

Open：打开，打开一个保存在个人计算机中的动作脚本文件（Motion 文件）。

Save：保存，将编辑好的动作脚本文件（Motion 文件）保存到个人计算机中。

Copy：复制，将当前位置的动作设置（Step）保留，然后复制到剪贴板。

Cut：剪切，删除当前位置的动作设置（Step），将其数据保存到剪贴板。

Paste：粘贴，在当前位置中，调用保存在剪贴板中的动作设置（Step）。

Undo：撤销当前操作，（软件保留当前操作之前 5 组数据）。

Redo：取消最近一次的撤销（Undo）操作。软件保留当前操作之前 5 组数据。

Upload：上传，将已经储存在实体机器人中的动作剧本文件上传至个人计算机，目的是进行存储或重新编辑。

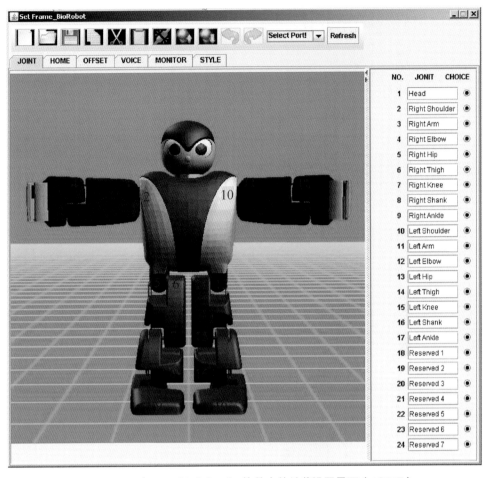

图 10-16 在 BioROBO Studio 软件中的关节设置界面（JOINT）

Download：下载，在剧本编辑完成以后，通过实体机器人与 BioROBO Studio 程序之间的串口通信，将剧本文件从个人计算机下载到实体机器人加以储存，然后通过 BioROBO Studio 程序的剧本播放功能展示预先设置的动作。

BioROBO 模块化机器人的遥控器上有左右两个手柄（Handset），每个手柄有 10 个按键和三轴加速器传感器，该传感器的作用是检测手柄的方位。通过设置单个按键或组合按键，使其与各个动作剧本相互对应，当剧本文件下载后，即可通过实际的手柄来控制机器人进行不同动作剧本的播放和切换。当打开一个剧本文件后，点击遥控器上的一个按键，就可以设定由此按键触发当前剧本。被选中的按键显示为绿色或红框。按键也可以设置为组合键触发，只要同时选中组合的所有按键即可。给多个动作剧本设置按键，只要将多个动作剧本添加到剧本队列，然后分别单击选中动作剧本之后再选择各自的按键即可。这样，动作剧本与遥控器按键之间就会建立对应关系。剧本文件下载到机器人后，重新开机，按遥控器上设置好的按键，就会执行对应剧本的动作。

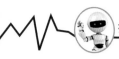

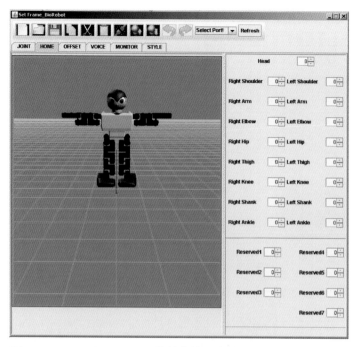

图 10-17　BioROBO Studio 软件中的原始状态设置界面（HOME）

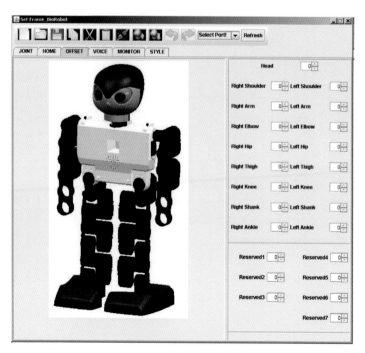

图 10-18　BioROBO Studio 软件中的舵机角度补偿界面（OFFSET）

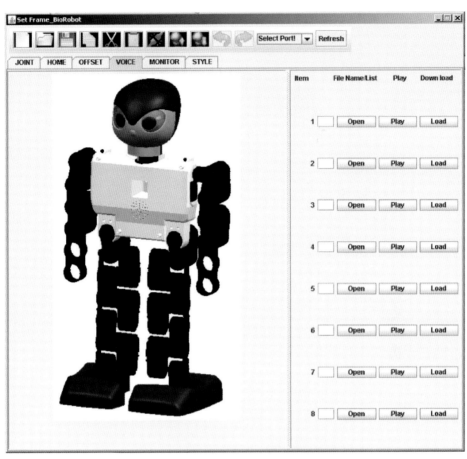

图 10-19　BioROBO Studio 软件中的声音文件设置界面（VOICE）

图 10-20　BioROBO Studio 软件中的工具栏图标

BioROBO Studio 软件还具有动作剧本编辑功能。机器人按照设定的动作剧本来进行表演，动作剧本由一系列动作文件组成。在程序界面的剧本编辑区中包括剧本列表编辑区和动作列表编辑区两部分，如图 10-21 所示，动作剧本名称不可相同，但不同的动作剧本里可以包含相同的动作文件。

在机器人的运动过程中，需要避免机器人上不同部件发生碰撞造成损坏。BioROBO Studio 软件仿真环境具有碰撞检测功能。如果在动作设计和编辑过程中出现碰撞，启用该功能后，发生碰撞的部分就会用红色显示，警示操纵者及时纠正，如图 10-22 所示。

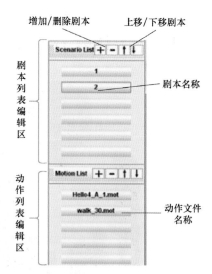

图 10-21　BioROBO Studio 软件中的剧本编辑区

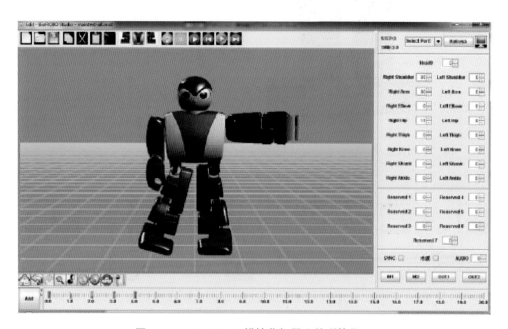

图 10-22　BioROBO 模块化机器人的碰撞警示

　　双足行走机器人通过与地面接触，形成了一个支撑面。为了保持直立平衡，需要确保机器人重心的垂直投影点位于该支撑面内。否则机器人容易因为失去平衡而倾倒，影响动作完成的效果。BioROBO Studio 软件仿真环境具有重心显示功能，当启用该功能后，就会用红点显示重心垂直投影点的位置，帮助操纵者判断 BioROBO 模块化机器人当时的平衡状态，如图 10-23 所示。

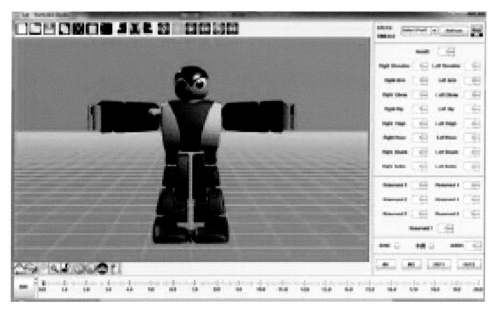

图 10-23　BioROBO 模块化机器人的重心显示

BioROBO Studio 软件仿真环境显示一个带有栅格线的平面，代表实际工作环境中的地面。为了使机器人运动有可行性，在设计机器人动作时，要保证仿真机器人不能穿越该平面，因为实际机器人只能在地面以上的空间活动。同时也不能使仿真机器人腾空，完全脱离该平面，因为这样就会使实际机器人失去了地面的支撑。

10.5 BioROBO 模块化机器人参加种类的竞赛

以个人为单位的比赛：

1）自由体操，自行设计一套动作，根据优美程度评分。

2）动作精细度比赛，设定一具体任务，根据完成的质量决定名次，比如画图比赛，根据机器人绘制的作品完成情况评分。

3）仿人机器人步行比赛，根据稳定行走的时间和距离判定名次，鉴于对稳定行走要求较高，可变更为原地双脚交替站立等形式，根据站立的时间长短和交替的次数决定名次。

4）可重构与竞速，设计一条比赛路线，参赛机器人可以采用各种方式通过，先到达终点者胜利。

以团队为单位的比赛：

1）对抗类，如机器人的足球比赛，抽签分组淘汰制，每次上场两个队，多个机器人协作进球，根据结果决定名次。

2）协作类，团队成员共同完成一个特定场景下的任务，比如地震救援等，多机器人协作完成整套救援动作，根据完成的情况评分。

3）表演类，自行编排如千手观音等群体舞蹈，根据专业评委和大众评委观看表演后的人气投票决定名次。

10.6 BioROBO 模块化机器人动作自评参考标准

安全性（10分）：			
碰撞	无，10分	有，0分	
新颖性（5分）：			
创造性的动作	有，5分	无，0分	
位置准确（15分）：			
可看出的动作数	根据描述计算，完全一致3分，有歧义1分，完全不像0分，满分15分		
时间合理（10分）：			
动作的长度	以秒为单位，5秒计1分，满分10分		
演示操作（20分）：			
对实际机器人进行控制	熟练，在线编辑、加载、演示均能自行完成，20分	有所了解，在步骤提示下能完成控制，10分	不熟悉，根本不知该如何操作，0分
稳定性（30分）：			
支架辅助	不需要，15分	需要，5分	只能仿真，0分
离开/穿越地平面	无，10分	有，0分	
动作切换	柔和，5分	生硬，0分	
动作关联（10分）：			
符合主题的动作	有主题，10分	动作杂乱，5分	不合题意，0分
附加分（20分）：			
腿部动作	有，10分	无，0分	
声音	有，5分	无，0分	
地图背景	有，5分	无，0分	

10.7 BioROBO 模块化机器人单关节运动控制实验练习

【实验目的】

1. 认识机器人的自由度。

2. 熟悉控制软件的基本操作。

3. 掌握软件参数与控制舵机转动的关系。

【实验要求】

能实现打招呼的基本动作，主要体现为机器人摇头和摆臂。

【考察要点】

动作幅度和时间设置合理。

【思考题】

体会不同时间和角度设定对速度的影响。

10.8 BioROBO 模块化机器人多关节组合运动控制实验练习

【实验目的】

1. 进一步熟悉软件对机器人的控制。

2. 掌握镜像法的思想。

3. 积累动作数据。

【实验要求】

用软件仿真实现向前步行 3 步后做 2 次俯卧撑的动作。

【考察要点】

行走姿态自然、稳定，俯卧撑动作到位，时间安排合理。

【思考题】

实验中机器人的 17 个自由度分别用于控制哪个方向？

体会多个关节同时运动对动作的影响。

10.9 BioROBO 模块化机器人复杂动作设计练习

【实验目的】

1. 发挥同学的创作能力。

2. 掌握对机器人的控制方法。

【实验要求】

基于现实，发挥创造力，自行设计一套可以在机器人身上实现的动作。

【考察要点】

运动中不能够对机器人造成损害，设计的动作能够完整实现，动作幅度过度自然、姿态优美，时间分配合理，富有创意。最后进行完成情况记录。

安全	
新颖	
位置准确	
时间合理	

（续）

演示操作	
支架辅助	
离开 / 穿越地面	
动作切换	
动作关联	
附加分	

参 考 文 献

［1］邹慧君. 机械运动方案设计手册［M］. 上海：上海交通大学出版社，1994.

［2］邹慧君. 机械原理课程设计手册［M］. 北京：高等教育出版社，1998.

［3］邹慧君，蒋祖华. 趣谈无所不在的设计［M］. 北京：科学出版社，2010.

［4］杨家军. 机械创新设计技术［M］. 北京：科学出版社，2008.

［5］Macaulay D. The New Way Things Work［M］. London: Dorling Kindersley Limited，1998.

［6］刘仙洲. 中国机械工程发明史（第一编）［M］. 北京：科学出版社，1962.

［7］Norton R. L. Design of Machinery: An Introduction to the Synthesis and Analysis of Mechanisms and Machines［M］. 2nd ed. NewYork:McGraw-Hill Inc，1999.

［8］马香峰. 机器人机构学［M］. 北京：机械工业出版社，1991.

［9］Giuseppe Carbone，Marco Ceccarelli. Legged Robotic systems，In: Cutting Edge Robotics ARS Scientific Book，［M］Wien, 2005.

［10］梁庆华，邹慧君，莫锦秋. 趣味机构学［M］. 北京：机械工业出版社，2013.

［11］刘进长. 机器人世界［M］. 郑州：河南科学技术出版社，2000.

［12］Emilio Bautista Paz, ect.al. A Brief Illustrated History of Machines and Mechanisms［M］，Springer，2010.